相见一枝草

宋乐明 著

西泠印社出版社

相见一枝草（代序）

江南的草是江南的风景。

“草长莺飞二月天，拂堤杨柳醉春烟。儿童散学归来早，忙趁东风放纸鸢。”这是清代诗人高鼎的一首《村居》诗，既描写了春天的自然景象，又写出了春日中的童趣。冬去春来，万物复苏，江南正是一派春暖花开的景象，江南的草就是春天的使者，也是大自然的化妆师，它让枯黄的大地重新披上青绿的新装，又在青绿中点缀出姹紫嫣红。春色迷人，儿童喜欢在春色中玩耍，成人喜欢踏着春色郊游，原来是春色如许。

草是地球上种类最多、分布最广的植物。地球上的植物超过一万多种，草本植物占多数，荒郊野地百草丰茂，崇山峻岭草木丛生，寒冷的高原草垫如茵，干旱的沙漠也有小草坚守。草是生命力最强的植物，白居易在十六岁时写了《赋得古原草送别》：“离离原上草，一岁一枯荣。野火烧不尽，春风吹又生。”草的生命力就是如此强大，即使被一把野火烧尽，来年的春天照例萌出新芽、铺成绿茵，在季节的轮换中交替着青绿和枯黄的色彩。江南更是一个草木繁茂的地方，不管是荒郊野外，还是庄稼地里，到处野草蔓生。

草是食物链的开端，通过光合作用生产营养物质，草食动物以及许多昆虫从草中摄取营养。人的食物构成中大部分也是草本植物,从广义的角度讲,人吃的食物40%是草,人工种植的蔬菜和谷物都是从野生的草驯化而来，本质上就是草本植物。草是人类最重要的食物，也是生态系统重要的一环,地球上正是生长了众多的草,才保护了生态系统,才有了斑斓的色彩，才有了生命的轮回。草是最重要的食物来源，其中不乏舌尖上的美味。明永乐四年（1406），朱橚写成了一部《救荒本草》，记载了414种以救荒为主、可以食用的地方性植物，其中有138种在历代的《本草》中早有记载，新增补的有276种。朱橚所记的这些植物在地域上集中在河南,实际上大多植物分布广泛,江南多有生长,有240种是处处有之。这些植物中,草类245种、木类80种、米谷类20种、果类23种、菜类46种。草所占的数量最多，分布也最广。据朱橚所记，这些植物既可以充饥，也有药用价值，但有些植物有毒或有小毒，历史上遇到灾荒之年不得已才会食用，食用前还须经过特殊处理。当时间过去180年后，到了万历十四年（1586），散曲作家王磐写了一本《野菜谱》，他通过采访农民，收集能度荒年饥馑的60种野菜的有关资料，整理编成三言歌诀，并说明其采集及食用方法，若遇饥荒之年，可以用来充饥。王磐无愧是个艺术家，用诗化的语言记述了这60种野菜，读起来朗朗上口，让人形象记忆，如“破破纳，不堪补。寒且饥，聊作脯。饱暖时，不忘汝”。大多植物的名称用的是民间的俗称，比如把蒲公英叫作白鼓钉，破破纳就是婆婆纳，这些植物大多耳熟能详，经常出现在田间地头。如看麦娘、马兰头、水芹等等，在田塍上、沟渠中十分常见；马齿苋、灰条、野苋菜等等，在地头路旁随意生长。在物质生产高度发达的今天，人类已无需再以吃野菜充饥，但野菜中隐藏着许多舌尖上的美味，挖野菜也是一种传统习俗，而且一直流传至今。荠菜在冬至前后就悄悄地重回大地，尽管天气越来越冷，但向阳的坡地或者青菜的间隙中，荠菜早已伸展出细长的叶子。勤劳的人不会忘记到野外去寻找冬日里的荠菜，荠菜作为最著名的野菜味道鲜美，荠菜包圆、荠菜饺子、荠菜汤都是美味佳肴，也是难以忘怀的乡愁，在餐桌上增添一道野味，为冬日枯燥的生活增加了不一样的味道。事实上当今社会人们依然保留着这种传统，早晨来到农贸市场，经常有人在出售荠菜，农民不会错过挖野菜的时节，城里人也不会错过吃野菜的机会。到了春天，马兰头、水芹、折耳、枸杞头、马齿苋等多种野菜相继登场，喜欢野趣的人会乘着休息来到郊外亲自寻找，众多的野菜，形态各异、味道不同。折耳有一股难闻的鱼腥味，但用水焯一下却清香四溢。凉拌马齿苋清脆可口，但炒煮后却味酸如醋。鼠曲草、艾草、小蓟是做清明团子的原料之一，在清明节到来之时，寻找这些野草做清明团子，是由来已久的传统习俗，挖野菜也成为这种习俗的一部分而世代流传。

古人把可以做药的植物称作“本草”,《说文》中说：“药，治病草。”当然本草也包括可以做药的动物和矿物。中国最早的医药学经典是《神农本草经》，共记录了 365 种药物，其中植物药 252 种。这是古人长期的经验积累，在无数的野草中认识到这些草可以做药，可以帮助人类防治疾病，而且许多本草的背后还有传说和故事，如车前草、紫花地丁草，都有一段治病的传说，这些传说既是中国植物文化的一部分，也是古人对本草的认知过程。随着古人对植物认知的深入，在《神农本草经》之后，士大夫与朝廷相继对原来的“本草”不断补正，由此，在历史上形成了不同时代、不同名称的“本草”，如《吴普本草》（魏晋）、《本草集注》（南朝）、《新修本草》（唐）、《本草拾遗》（唐）、《图经本草》（宋）、《本草衍义》（宋）、《嘉祐补注本草》（宋）、《开宝本草》（宋）等等。到了明代，李时珍在《本草纲目》中收药达到 1892 种，全书 52 卷，其中草部占 10 卷。书中所记的许多植物就是我们日常所见的野草，如车前草、麦冬、莎草（香附）、野菊、大蓟、小蓟、龙葵、半边莲、紫花地丁草、苦菜、瞿麦、石龙芮、茅根、泽兰、石韦、爵床、半夏、泽漆、商陆、羊蹄、扁蓄等等。这些草有的长在房前屋后，出门就能相见；有的长在沟边路旁，每天擦身而过；有的长在庄稼地中，农夫把它视作杂草；也有的长在山坡上，花开之时成为美丽的风景。这么多的草与我们生活在一起，这是大自然送给人类的厚礼，在古代没有人工合成的药物，只能就地取材，用植物入药，帮助人类祛除疾病，保护人类繁衍生息。但大多数人不认识这些草，不知道身边的小草还有大用途，更不知道许多草的背后还有美丽动人的故事。海盐人吴仪络，对《本草纲目》进行了全面考证，纠正了其中的错误，并补充了后人经常使用的新药，取名《本草从新》，其中的冬虫夏草、太子参就是吴仪络第一次收入药书中的“本草”。

走进自然草木随行，众多的野草错落有致、此起彼伏，草总是伴随在我们的身边，让我们相遇绿色的生命或者花开的艳丽，或许我们叫不出大多数野草的名称，但并不影响它的生长与繁荣，也不影响与人类的相见。相见一枝草，相见的是自然界中的生命。

人类总是生活在忙碌之中，忙于劳作、忙于应酬，劳于筋骨、疲于精神，无法让自己的心静下来而缺少对生命的关注。有一个成语叫“草菅人命”，意思是把人的性命看得像野草一样轻贱，随意加以摧残。反过来说就是草的命很轻贱，一点也不重要。人如果不关注自己的生命，同样变得不重要。走进大自然，相见最多的是草，与草交流对话，关注轻贱的草，这是对生命的重新认知。草从萌发到开花，再到结出种子，年复一年延续着生命，并演绎出美丽的故事。关注草更能感悟生命，它顺其自然，生生不息，它在为动物和人类提供食物的同时，传播种子繁衍种群。

关注一草一木，让我们更懂得关注生命的意义。相见一枝草，是相见一种生命的状态；相见一枝草，是人与自然的约会。喜欢大地上的草，是被它的生命力所吸引，草的生长力总是超出人类的想象，蒲公英的种子自带了滑翔伞，风一吹漫天飞舞，人类相见了也会吹一口气帮它起飞，而这样的草还有许多，飞蓬、黄鹌菜、苦苣菜、大蓟、小蓟的种子都有这样的“装备”。相反，有些草的种子是沉甸甸的，但同样会行走，在雨水的冲刷下，随波逐流，流向远方，即便是流向大海，仍然会跟着潮汐重返大地，停留在滩涂上，长出成片的芦苇和丰茂的野草。有些草的种子长满了小手，只要有动物和人类走过，便抓住不放，窃衣、鬼针三叶草、臭苏、牛膝便是这副德性，其成熟的种子常常喜欢沾在衣裤或动物的皮毛上，跟着人类和动物迁徙。大多数的草总是见缝插针和随遇而安，在老房的屋顶上可以长草，在墙上也可以长草，在一片空地上不需要多少时日就会野草丛生。它会延续古老而久远的生命，还会传播众多的故事和丰富的文化，这是人类文明的根源，也是人类生命的相续。

忽如一夜春风来，田间地头草莽莽。春回大地，无论是草的宿根，还是埋于土中的种子，都开始萌发新芽。早熟禾名不虚传，不仅熟的早，而且长得也早，在冬至前后就已长出细长的绿叶，稀疏地点缀在枯黄的土地上，提前迎接着春天的到来。卷耳、婆婆纳、猪秧秧也不甘居后，早早地在向阳的坡地上守望着春天的到来。绝大部分的草在春风化雨中生长，马唐、狗尾巴草、牛筋草、看麦娘等多数禾本科的草，总是要等到春暖时节才萌发生长。也有一些草总要等到初夏时节才慢条斯理地冒出来，墨旱莲就是这样的角色。春华秋实就是如此在大地上轮回，到了秋季，狗尾巴草结了一串沉甸甸的果子而弯着尾巴，龙葵和商陆挂满了紫色的浆果，在秋风里、晨雾中、夕阳下演绎出生命的风景和色彩。

一花一草皆生命，一枝一叶总关情。走进自然、走近小草，是生命的相遇，也是乡愁的记忆。

目录

01 手执艾旗招百福 …… 1

02 春三月，拔茅针 …… 4

03 锦色铺地 …… 7

04 草名隐在五月中 …… 10

05 莲台上的小红花 …… 13

06 斜桥埭有薜荔墙 …… 16

07 此草爱长马车前 …… 20

08 髻形红花 …… 22

09 稻槎菜 …… 26

10 张挂在大地上的灯笼 …… 29

11 枝繁条缕 …… 33

12 急性子 …… 36

13 摇曳的狗尾巴草 …… 40

14 混搭出来的野菜 …… 43

15 跟随将军去打仗 …… 45

16 开在冬日的小黄花 …… 48

17 数枝红蓼醉清秋 …… 51
18 蒙灰的野菜 …… 54
19 南北湖的桔梗 …… 57
20 爵床青青 …… 60
21 跟着麦子成长的“伪娘” …… 63
22 湖羊草的过往 …… 66
23 老鹳草 …… 73
24 寻找脱力草 …… 76
25 止血良药墨旱莲 …… 81
26 长在《诗经》里的芄兰 …… 84
27 勒人的藤蔓 …… 87
28 酿一壶酒香 …… 91
29 农妇眼里的酱瓣草 …… 94
30 众人眼里的野菜 …… 97
31 江南的牧草 …… 101
32 凌冬不凋 …… 105
33 长着牛膝的草 …… 108
34 婆婆纳 …… 111
35 飞翔的蒲公英 …… 114
36 惟荠天所赐 …… 117
37 属牛的植物 …… 120

38 不一样的红色 …………………………………… 124
39 沾人衣裤的臭花娘 ………………………………… 127
40 以气用事 ………………………………………… 130
41 三十除五商陆 …………………………………… 133
42 蛇莓 ……………………………………………… 136
43 菖蒲情怀 ………………………………………… 139
44 碎米荠的热情 …………………………………… 144
45 铁苋菜 …………………………………………… 147
46 星宿菜 …………………………………………… 150
47 《诗经》里的第一植物 ………………………… 153
48 忘忧草 …………………………………………… 156
49 穿越寒冬的绿意 ………………………………… 159
50 益母之草 ………………………………………… 162
51 野苋菜 …………………………………………… 165
52 折耳听春 ………………………………………… 168
53 艳遇五朵云 ……………………………………… 171
54 紫花地丁草 ……………………………………… 174
55 紫云英的乡愁 …………………………………… 177
后记………………………………………………… 183

中文学名：艾草
拉丁学名：Artemisia argyi H. Lév. & Vaniot
别　称：冰台、灸草、香艾、蕲艾、艾蒿
科：菊科　属：蒿属

01 手执艾旗招百福

手执艾旗招百福，门悬蒲剑斩千邪。

端午时节，江南人喜欢在门上挂艾草和菖蒲，这种习俗历史悠久，家喻户晓。有了端午，让艾草和菖蒲走进了人间的节日，并赋予了灵性或法力——艾草悬挂于门首，传说可以祛病避邪；菖蒲叶形似剑，有斩妖除魔之寓意。

端午节到了，家里一定会裹粽子，还在大门两侧的门柱上挂艾草和菖蒲，到邻居家一看，同样挂着艾草和菖蒲，这大概就是所谓的习俗，村里人都这样做，小孩子看在眼里、记在心里，成年后也跟着做。艾草和菖蒲从哪里来，我并不知道，家里没有种这种草，村子里也没看到，或许是有的，但那时我还不认识它。其实这两种草还是很多见的，许多农家院里有艾草，水塘边上有剑菖，临近端午，农贸市场里专门有人卖艾草和菖蒲，两块钱一把，买的人很多，走过路过的都没有错过。我站在农贸市场的出口处旁观，走出来的人大多手执一把艾草和菖蒲，果然是“手执艾旗招百福”的景观。

艾草是如此普及的一种植物，也是由来已久的本草。在《诗经》中有“彼采艾兮”的诗句，成书于汉末的《名医别录》中就有艾草药用功能的记载。使用艾草甚至更早，我国古代祭祀时就有点燃艾草的习惯，一缕白烟从地面缓缓升起，白烟裹挟着艾草的芳香，这是人类与神灵沟通的形式，古人相信神灵能够准确地收到艾草发出的这种信号。

艾是菊科蒿属多年生草本植物，与菊长得极为相似，在未开花之时，许多人难以区分，其实艾草是具有鲜明个性的，从形象来看，叶面被灰白色短柔毛，并有白色腺点与小凹点，背面密被灰白色蛛丝状密绒毛，看起来就是灰白的颜色，更明显的特征是具有浓烈的香气，只要摘下艾叶闻一下就能准确识别，同属的青蒿与之更为相似，同样具有香气，只是叶呈青色，许多人也将它视作艾草。

艾草可以治理安定疾病。“艾”，“从艸，乂声”。“乂”意为“治理、安定”。“艹”与“乂”联合起来表示一种用于治疗或理疗的草本植物，这就是其名“艾”的由来。艾叶味芳香，有温经、去湿、散寒、止血、消炎、平喘、止咳、安胎、抗过敏等作用，临床上多数外用，主要用于艾灸，也就用艾条放在穴位上薰炙治病。艾叶晒干捣碎制成艾绒，装在纸管中压实就成为艾条。艾叶富含油脂，点燃后不会熄灭，这是入选艾灸的原因。

艾草的特殊香味具有驱蚊虫的功效，挂于门首祛病避邪，这是一种传说，用来驱赶蚊虫，却是由来已久。社会步入工业化时代以后，已经制造出各种高效方便的蚊香和防蚊药水，但此前的漫长时期是没有蚊香的，在很长一段时间里是用蚊帐来挡蚊子的，离开了蚊帐，点燃艾草驱蚊是一种传统而古老的方法。在20世纪80年代以前，家里还没有电风扇，夏天在场上一边乘凉一边吃晚饭，但蚊子实在太多，在得到一点凉意的同时，却引来一群蚊子，驱赶蚊子的办法就是在上风的地方点一堆艾草，一缕细烟袅袅升起，布成一道屏障，这是最原始的方法，也是最实用的办法。

在江南的习俗中，艾草还是做清明团子的重要原料。在春天的时候，许多人会在野外采摘鲜嫩的艾草，用石灰水处理后捣出青色的汁水，用艾草汁和糯米粉做成的团子色泽青绿，人称清明团子。“青”和“清”刚好同音，清明时节做青色的团子，不知是巧合还是刻意的安排，用清明团子祭祖一定有特殊的用意。清明团子也是江南的美食，不仅味香，而且易消化，用其他植物做团子也许同样可以获得青色的效果，但没有助消化的功效，这是人类在长期生活实践中获得的宝贵经验，也是人类如此青睐艾草的秘密。

中文学名：白茅
拉丁学名：Imperata cylindrica（L.）Beauv.
别　称：茅、茅针、茅根
科：禾本科　属：白茅属

02 春三月，拔茅针

生活在农村的最大乐趣就是与大自然亲密接触，春天的时候拔茅针是最欢喜的事情之一。

茅针就是茅草初生叶芽后处于花苞时期的花穗，也叫谷荻。经过春雨润泽，田间地头，沟壑坡边，葱绿一片，其间就有早长的茅草。春风拂过，茅针从茅草里探出身子。与茅草叶不同的是茅针有点害羞，就像新媳妇怀胎一样，过一天肚子大一点，姑娘的身材没有了，总觉得害羞，但在别人看来很美，终于要做母亲了，谁说母亲不美？

在农村管白茅叫作茅草，喜欢长在向阳的坡地和田塍上，叶细长，边缘有小的锯齿。平时没人理它，到了冬天到处都是一丛丛干枯的茅草，这时便会从家里拿着火柴在野外偷偷点火，看着干枯的茅草在火焰中噼啪作响——火烧干枯的茅草是为了让它在春天长得更好。白茅是多年宿根生的禾本科植物，火烧对它的生长没有一点影响，最能体现“野火烧不尽，春风吹又生”的诗意，等到春天，在原地照例长出更粗的新枝。

茅针是茅草的怀胎，在春风雨露的沐浴下，一天天长胖,直到被童年的我发现。乡村的童年玩不到“高大上”的，但能体验最淳朴的乡情，正如童谣所唱："打了春，赤脚奔，挑荠菜，拔茅针。"在明媚的春光里，在无忧无虑的童年里，在放学回家的路上，就是不走大路走小路，在田头、在坡边，唱一路童谣，拔一路茅针。一路走去，一路童趣；一把茅针，一生记忆。这是一种什么情怀？如果有经历、有体验，一生都不想忘记，这是一种乡愁。

拔出来的茅针，在草叶茎秆里那一头是断头，或白，或青白，很嫩。另一头尖尖的，像针尖，所以叫作茅针。中间微鼓的一个小肚皮，形似淡竹笋却无节。剥开外面那层草叶，里边是一根银白色的软条，柔软绵绵。放到嘴里慢慢咀嚼，爽滑、甜嫩，柔软中带着甜津、含着草香，清新与清爽盈满口腔，几乎是一团初春的气息。这是一种什么感觉？是一种舒心的惬意，也是甜蜜的童年记忆。

春天就是有故事的季节，所以叫春天的故事。可以与拔茅针相提并论的便是掏蜜蜂了。以前农村有许多泥墙房，野生的蜜蜂最喜欢在泥墙上打洞安家。春暖花开的季节就是蜜蜂出没的季节，在向阳的泥墙上，总是蜂洞遍布，找一根小竹棒，往洞里掏，一会蜜蜂就爬出来了，小心抓住，取其蜜囊，吸入口中，这又是一种童年的甜蜜。

茅针很细小，但很好吃。长辈们怕小孩吃坏，总是说茅针吃多了会放鼻血。其实刚好相反，茅针有凉血止血、清热解毒的作用，可以治疗血热吐血、衄血、尿血等症状。有一味中药名白茅根，就是茅草的根，色白、味甘，作为中药具有凉血、止血、清热利尿的作用，也可以作为野菜食用，如果有机会品尝它，就像童年拔茅针一样，是永久的甜蜜记忆。

中文学名：斑地锦
拉丁学名：Euphorbia maculata L.
别　称：白筋草
科：大戟科　　属：大戟属

03 锦色铺地

斑地锦是大戟科大戟属的草本植物，与之长得极相似的是地锦草，可以看作是一对双胞胎。同科的草本植物还有铁苋菜、泽漆、飞扬草等等，但长相各异，看不出相互之间有一点亲戚关系。

斑地锦很常见，对面邻居院子门口的台阶上就长了一片。从砖缝中长出一丁点小芽开始，每天看着它成长，直到匍匐在地上成为一大片。斑地锦喜欢生长在路面、路旁的砖缝或水泥缝中，常常三三两两地伏在路旁。它更喜欢生长在阳光充足的旱田中，连片地匍匐在大地上，当真铺就了一片锦色。斑地锦的茎柔细而弯曲，呈淡紫色，被有白色细柔毛，常在叶腋中分枝或长出花序。叶呈长椭圆形，长 5—8 毫米，宽 2—3 毫米，对生成 2 列，上面暗绿色，中央有暗紫色的斑纹，下面被白色短柔毛。叶柄长仅 1 毫米或几无柄。能够获得斑地锦这个美名，或许与它长有暗红色的茎及叶片中带有暗红的斑点有关，红绿相间的色调，犹如艳丽的锦缎。与斑地锦长得非常相像的地锦草，如果缺少植物学的知识，就会以为是同一种草。其实不是，地锦草的叶子更小、更圆，而且叶面上不带暗红色的斑点，性格也有点不同，喜欢挺身而长。

斑地锦匍匐在地上，看起来一大片，其实数量并不多，在童年割草时，即使看到也是走过路过，总感觉这草有点鸡肋，而且草枝上会渗出乳白的汁水，沾在手上黏黏的，干了黑黑的不易洗净，有点令人讨厌。不过这草的汁水用于止血却是良药，大概正是如此，便有了“奶浆草”和“血见愁”的别称，无怪乎《本草纲目》说其能治金刃扑损出血。以往农村人受刀刃损伤，常用桑树汁、构树汁止血，大概取的就是这个道理，而桑树和构树的汁水较多，也容易取得。能够流出乳汁的草其实是很多的，如苦荬菜、萝摩、蒲公英等等，这些草都有一个相同之处，能够行气活血、消肿解毒、通乳。而带“地”字的植物也不在少数，地丁、地榆、地黄、地肤、地耳、附地菜等等，这些植物是五谷之外的庄稼，只要有土地就会春风吹又生，这些名称听上去老土，但让人闻到乡土的气息。

斑地锦无疑是一味中药,《本草纲目》说 :“主痈肿恶疮,金刃扑损出血，血痢，下血，崩中，能散血止血，利小便。”它有清热解毒、凉血止血和利湿退黄的功效，可用于治疗痢疾、泄泻、咯血、尿血、便血、崩漏、疮疖痈肿、湿热黄疸等等。

中文学名：半夏
拉丁学名：*Pinellia ternata*（Thunb.）Breit.
别　　称：地文、守田、羊眼半夏、蝎子草、麻芋果、三步跳、和姑
科：天南星科　　属：半夏属

04 草名隐在五月中

从字面看，半夏更像一个时间概念，而且给人一点淡淡的忧伤，犹如“花开半夏你若惜，叶等三秋我成尘”之类，就是这个“半”字，隐含了某种残缺，留下了众多遗憾。但这里说的半夏却是一种植物，一种用时间命名的植物，与情感无关。

半夏是天南星科植物，在《神农本草经》中就有记载。作为本草，常在农历五月采收，此时正是夏季之半，故名半夏。它的分布极广，在江南之地，经常在桑园地中成片生长，甚至在路边也能经常见到。半夏的叶很特别，叶梗

从基部长出，长 15—20 厘米，叶 2—5 枚，大部分一株只长一两片叶子，叶片为三全裂，表面有光泽。叶片的基部有的会长出直径 3—5 毫米的珠芽，珠芽落地后能发芽长成新株。半夏的花形态独特，在植物学中称作肉穗花序，也就是密密麻麻的小花生在肉质膨大的花序轴上，从外面看只见到一个大苞叶，样子似佛像背后的火光，人们给它取了一个形象的名称——佛焰苞。苞有绿色的，也有绿白色的，有时边缘是青紫色的，下半部分呈管状，上半部分张开，顶端弯曲如蛇头，朝上伸出一根鞭状的须毛，好像是蛇在吐信子。很多时候人们以为这就是半夏的花瓣，其实不是，真正的花是藏在佛焰苞内的。半夏属于雌雄同株的植物，雌花长在花序的下半部，排成一列，雄花在鞭状须的基部绕一圈，只有掰开佛焰苞才能真正看到它的真面目。

夏天割草时，经常在桑园地中看到半夏，掌状的叶片稀稀拉拉，花序稀奇古怪。平时并不关心它，只有发现它的珠芽时，才觉得好奇，一直以为这就是它的果子，而对于真正的花却并不注意，直到摘下佛焰苞掰开一看才知道，里面藏着种子，一串卵圆形的浆果，每颗浆果中有一粒种子。半夏就是这样一种具有隐藏秘密本领的植物。挖开边上的泥土，发现下面还长着小芋头一样的块茎，直径 0.5—3.0 厘米，块茎上长满须根，这就是用来做药的半夏。其实半夏与芋头同是天南星科植物，其根茎有相似之处不足为怪。但半夏的繁殖方式还是很独特的，除了长在地下的块茎每年都会重新萌芽，其珠芽和种子同样具有繁殖能力，这在植物中十分少见。

常见的天南星科植物还有许多。花烛属的红掌、白掌是讨人喜欢的花卉植物，龟背竹、马蹄莲、滴水观音也是较多种植的观赏植物，但这些植物都有毒，唯有芋头是无毒的天南星科食物。魔芋虽然也做食品，但同样有毒，加工成食品之前必须经过处理。

天南星科植物大多有毒，但许多种类可以入药，如菖蒲、天南星、虎掌、千年健等等，其中半夏是历史最悠久的中药之一。侯宝林有一段著名相声《打灯谜》，其中有一个四名灯谜："眼看来到五月中，家人买纸糊窗棂。丈夫出门三年整，一封家书半字空。"谜底是四味中药，半夏、防风、当归、白芷，"五月中"正是夏天过了一半的时候。据《神农本草经》记载：（半夏）"味辛，平。主伤寒寒热，心下坚，下气，咽喉肿痛，头眩，胸胀咳逆，肠鸣，止汗。"相传有位叫白霞的姑娘，在田野里割草时，挖到了一种植物的地下块茎，由于饥饿难耐，将块茎放在嘴里咀嚼充饥。谁知吃完就吐了起来，她赶快嚼了块生姜止呕，呕吐止住后，却发生了奇迹，久治不愈的咳嗽也好了。后来白霞就用这种药和生姜一起煮汤给乡亲们治咳嗽病。半夏具有燥湿化痰、降逆止呕、消痞散结的功能，常用来治疗湿痰冷饮、呕吐、反胃、咳喘痰多、胸膈胀满、痰厥头痛、头晕不眠等症。曾经有一种叫"半夏止咳露"的中成药，在很长一段时间里被广泛使用，但半夏有毒，不能随便使用，现在这种药早已停止了生产。

中文学名：宝盖草
拉丁学名：Lamium amplexicaule L.
别　　称：珍珠莲、接骨草、莲台夏枯草
科：唇形科　　属：野芝麻属

05 莲台上的小红花

宝盖草是植物学家给这种草所取的正式名称，有了这个名称也就有了身份，从此它不再是“孤魂野草”。此草的叶圆如盖，竖贴着茎对生，比较少见。《植物名实图考》记载：“一名珍珠莲。春初即生。方茎色紫，叶如婆婆纳叶微大，对生抱茎，圆齿深纹，逐层生长，就叶中团团开小粉紫花。土人采取煎酒，养筋活血，止遍身疼痛。”

宝盖草时常混迹于婆婆纳之中，容易将人误导，特别是草的叶子，似乎很相像，不是有意细察，常常混淆。只有在开花之时，两者泾渭分明。婆婆纳开的是蓝色小花，广布于草丛之中，一眼望去犹如繁星点点；宝盖草开的是紫红的小花，挺立在草丛之上，与婆婆纳错落有致，呈现的是蓝绿丛中一抹红。

小草就在我们的身边，但我们时常对它一无所知，宝盖草就是其中之一。每年的春天准时来到大地，但很长时间里我不知道有这样一种草，直到去年秋天，与人讲起薜荔，一定要让我带去看薜荔墙，无意中在田边看到了宝盖草。它坚强地站在秋风中，虽然叶片有点焦枯，但仍然开出紫红色的小花，让人生出敬畏，更让我刮目相看。秋风萧杀，许多杂草早已走完了生命的历程，留下的是属于特别坚强的一类，秋色多彩多姿，但离不开宝盖草这样的坚守。

之前从来没注意宝盖草的存在，更不用说它叫什么名称，但它的长相非常特别。茎方形，常带紫色，被有倒生的稀疏毛，与婆婆纳长在一起时，常常高出许多，一副鹤立鸡群的样子。叶圆形对生，基部抱茎，边缘有圆齿和小裂，不免让人产生许多联想。古人称它为珍珠莲、莲台夏枯草，日本人则称之为佛之座，皆因它的叶长成了莲花座的形状。宝盖草的花轮上有花二至数朵，花无柄，腋生，无苞片，花萼管状，就像两支插在莲台上的小蜡烛。宝盖草是宝盖草属管状花目、唇形科一年生或二年生植物，茎高有10—30厘米，基部多分枝，花期为3—5月，果期为7—8月。这是一种春天里开花的植物，但我分明看到它正在秋风中花开，这是一种什么状况，让人迷糊，也让人感动。许多小草就是这样默默无闻地生长在大地上，大多人甚至叫不出它们的名称，经常用“杂草”二字一言以蔽之，这本身就是一种鄙视行为。草的起源比人类的起源肯定还要早，草是生物链的最底层，可以说是有了草才有人类的生活。草是相伴人类的最重要伙伴，它曾经是救济人类的粮食，也是治疗人类疾病的良药，由此，古人将之称作“本草”，救饥的称“救荒本草”，治病的称“神农本草”。宝盖草也不例外，它具有清热利湿、活血祛风、消肿解毒的功能，可以用于治疗黄疸型肝炎、淋巴结结核、高血压、面神经麻痹、半身不遂等病症。它还有一个别称叫接骨草，外用可以治疗跌打伤痛、骨折、黄水疮等。

中文学名：薜荔
拉丁学名：Ficus pumila Linn.
别　　称：凉粉子、木莲、凉粉果
科：桑科　　属：榕属

06 斜桥埭有薜荔墙

柳宗元在《登柳州城楼寄漳汀封连四州刺史》中有诗句“惊风乱飐芙蓉水，密雨斜侵薜荔墙”，用芙蓉水和薜荔墙衬托风急雨骤的天气。也许是薜荔喜欢攀缘在断垣残壁上，柳宗元专门为之取了薜荔墙这个名称。薜荔生江南诸地，但当代人对它却早已陌生。

薜荔是桑科常绿攀缘或匍匐灌木，其果又称木莲、木馒头，叶两型，不结果枝节上生不定根，结果枝上无不定根，叶卵状心形，长约 2.5 厘米，薄革质，基部稍不对称，尖端渐尖，叶柄很短。鲁迅在《从百草园到三味书屋》中写道：“何首乌藤和木莲藤缠络着，木莲有莲房一般的果实……”清人吴其濬《植物名实图考》：“木莲即薜荔。《本草拾遗》始著录。自江而南，皆曰木馒头。俗以其实中子浸汁为凉粉，以解暑……雩娄农曰：薜荔以楚词屡及，诗人入咏，遂目为香草。”

薜荔在海盐已经难得一见，在斜桥埭自然村落见到薜荔墙甚觉意外。之前或许见过此物，多因不见神奇之处而熟视无睹。一次在江西婺源的某个古村落，看到了结果的薜荔，印象深刻。古村边有一大片菊园，正值花期，菊花盛开，花色黄艳，一群妇女正在采摘菊花，这是当地的一种特产，名为皇菊。菊园边缘有一段残墙，爬满了一种藤蔓植物，与黄艳的菊花格格不入，一副特立独行的德性，藤蔓上结着小馒头一样的果子，初看像无花果，但又分明不是，不知道这种植物叫什么名称，只能一直记在心里。在阅读《中国园林论》一书时，书中提到薜荔是一种园林植物，但没有图片，觉得非常陌生，通过百度一查，却是意外惊喜，原来这就是见了也叫不出名称的薜荔，真是“踏破铁鞋无觅处，得来全不费功夫”。再次在绮园中寻找这种植物，固然觅到踪影，薜荔藤随意攀爬在路旁的石块上，只是由于园中古树茂密，长期缺少阳光照耀，薜荔长得瘦小低矮，与众多的络石藤绞织在一起，蒙蔽了游人的注意。从南向北通向罨画桥的小径边确是有一道薜荔墙，人工修剪以后整齐有序，却也扼杀了新枝的伸长，由于缺少攀缘的依靠，早已失去了薜荔墙的真正味道，也等不到结果的美丽季节。

斜桥埭村有一座木桥，桥的南堍西侧，有一大丛藤蔓植物，沿着一间小房子的墙壁，爬满了整个屋顶，藤蔓的嫩枝在春风吹拂中慢条斯理地生长。这是在海盐见到的真正薜荔墙，因为时处春天，还未及挂果。及至秋天，再一次去斜桥埭，特地看望这一墙的薜荔。刚踏上桥，就看到了青色的果子探出藤蔓，垂挂着像馒头，倒过来像莲房。采得几枚回来，问身边的人，都说这是无花果，看来这种植物离当代生活已经十分遥远，只有说出名叫薜荔时，才让人想到毛泽东在《送瘟神》中的诗句："千村薜荔人遗矢，万户萧疏鬼唱歌。"在毛泽东看来，薜荔一定是长在荒凉之处，以此来描写瘟疫灾难造成的家破人亡、田园荒废、冷清凄惨的境象。或许这与薜荔的生长习性多少有点关系，善于沿着老墙攀爬，不定根牢牢抓住墙壁，正是这一习性，把自己绑在了古村与老房的身上，让人将之与古老与苍凉联系在一起。现代建筑墙高且面硬，在护卫着墙内秘密的同时，也摒弃了所有藤蔓的攀缘。在城市中，薜荔已越来越远离人们的视线，而且也日益淡出人们的谈论。只有在园林中薜荔还有一席之地，正是在于它不定根发达，攀缘及生存适应能力强，可用于垂直绿化、保堤护坝，既能保护水土，又可用作观赏，即使是攀爬于断垣残壁，也在荒凉中透出勃勃生机。

只有在斜桥埭才见到薜荔墙，确实心存疑问。斜桥埭是海盐朱氏的聚居地之一，自元代迁居，至清村中住房已达千间，地名因村中有一座歪斜的木桥而来，至咸丰年间遭太平天国军侵犯，整个村子被焚烧，朱氏族人四散避难，留下断垣残壁，村庄萧瑟苍凉。或许正是这段历史，薜荔就此找到了栖身之地，在没有人为干预之下，恣意生长。那一墙的薜荔，从地面爬满屋面，绝非一日之力，究竟在何年何月来到这里落户，早已无法查考，只是作为历史的见证者，默默地驻守在桥边。

用薜荔衬托苍凉，这是诗人的一种意想。喜欢薜荔的人，是因为它可以制成美味的凉粉。许多地方还有栽植薜荔的习惯，摘其果子，削皮、切开，装在一个干净的布袋内，浸入一锅清水或凉开水中，用力反复捏揉，将果中的胶质全部挤出来，提出布袋后，静置半小时，就会自动凝成晶莹剔透、凉爽滑嫩的天然果冻。盛一碗，加一点糖水或蜂蜜，慢慢品尝，清甜可口，这是难得的乡村美食。

中文学名：车前

拉丁学名：Plantago asiatica L.

别　　名：车轮菜、猪肚菜、灰盆草、车轱辘菜

科：车前科　　属：车前属

07 此草爱长马车前

车前草有点犯贱，总是喜欢长在路边，不想看到也不行，明知只是一株小草，却要把自己与车绑在一起。

长在路边是车前草的机会主义倾向，有点守株待兔的意思，但它确实守到了机会。据传，汉代名将马武在武陵与羌人打仗，吃了败仗后被围困在一个荒无人烟的地方，军士和战马因缺水都得了尿血症。军营里没有治尿血症的药，大家都焦急万分。这时一名叫张勇的马夫发现有三匹马的尿血症不治而愈了，于是开始查找原因，发现有三匹马正在吃地上的野草，这种草的叶子长得很像牛耳。这是

一个重大发现，他便采了这种草自己试吃，结果尿血症也治愈了。张勇及时把这个好消息告诉了马武，马将军大喜，问张勇这种草长在哪里。张勇伸手一指，说就在大车前面。马武一激动就脱口而出：好个“车前草”。从此，这种草便得了“车前草”这个“高富帅”的名称。

传说不一定真实，按海盐人的口头禅，这叫讲故事。车前草模样长得不怎么样，甚至有点丑陋，在农村称之为蛤蟆草。它的叶片呈椭圆形，翻过来就像是一只趴着的蛤蟆。车前草有故事，就获得了知名度，成为草木中的明星，在农村几乎是妇孺皆知。车前草开的花几乎无人注意，虽然在草丛中昂首挺胸、充满自信，但既没有艳丽的色彩，也没有妖娆的形态。不过它所结的种子却名声不小，俗称车前子，是十分常用的中药，具有利水通淋、清热除毒等作用。

车前草在日常生活中随处可见，这是我们的福音，由此许多人称它为观音草，大概它与观音菩萨一样也是有求必应。车前草喜欢生长于道旁及牛马迹中，容易寻找。采其嫩草，可以包饺子或者炒着吃，是一道十分美味的野菜。取其全枝煮汤，是自制的凉茶，满口清香，降火利尿，远胜于市面上销售的各种凉茶。

中文学名：蓟

拉丁学名：Cirsium japonicum Fisch. ex DC.

别　　称：大蓟、大刺儿菜、大刺盖、老虎脷

科：菊科　　属：蓟属

08 髻形红花

大蓟和小蓟是两个不同品种的植物，但同属菊科、蓟属，并都以蓟命名。最早记述它们的是南北朝时期著名医学家陶弘景（456—536）所辑的《名医别录》。陶弘景把“大小蓟根”列为一条，后在《本草经集注》中说：“大蓟是虎蓟，小蓟是猫蓟，叶并多刺，相似。田野甚多，方药少用。”陶弘景用虎和猫来描述两者的相似和差别，这确实让人更容易理解。虎和猫都是猫科动物，长得相像，但大小相差巨大。《本草纲目》说：“蓟犹髻也，其花如髻也。”李时珍认为“蓟”

这个名称是从“髻”而来，大蓟和小蓟所开的花都长得像“髻”。

大蓟和小蓟作为菊科蓟属植物，所开之花很相像，这种花的专业名称叫头状花序，而且其小花全部是管状花。菊科植物是个大家庭，品种繁多，除了菊花，常见的马兰头、一年蓬、泥胡菜同属于菊科。菊科植物最主要的特征是头状花序，也就是说花序是长在枝头顶部，特点是花轴极度缩短、膨大成扁形，花轴基部的苞叶密集成总苞，如向日葵、蒲公英等等，开花顺序由外向内。头状花序由许多小花簇生在似头状的总花托上组成，小花有舌状花和管状花两种。蓟属植物头状花序的小花全部是管状花。菊花的头状花序既有舌状花也有管状花，观赏菊花大多是舌状花，生于花序边缘，俗称“花瓣”。

在菊科植物中，大、小蓟的长相最是特别，李时珍说“其苗状狰狞也”。大、小蓟的叶缘都有刺，不光是形态狰狞，而且非常霸气。大蓟的叶是倒披针形或卵状披针形，羽状深裂，边缘齿状，叶片很长，可达15—30厘米。早春时节醒目地长在山边、路旁和荒地上，长长的叶片紧贴地面，霸占着有利地形，看到这种架势，别的草早已警觉地保持着距离。随着气温的上升，大蓟也开始长出身子，等到含苞欲放时，身高已达50—100厘米，这在众多的草本植物中也属鹤立鸡群。在茎上部的叶腋中常有分枝长出，进一步占据着空间，长刺的叶就像锋利的矛，不仅守护着占据的空间，也保护自己的肉身，这就是它的狰狞面目。但它

中文学名：刺儿菜
拉丁学名：Cirsium setosum (Willd.) MB.
别　称：小蓟
科：菊科　属：蓟属

也有温柔的时刻。在5月份以后，在像髻一样的花序中长出一丝一丝的小红花，最后长成艳丽夺目的花朵，好像是丑小鸭变成了白天鹅，令人刮目相看。

小蓟，就是刺儿菜，模样与大蓟不同，要小得多。春天的时候，在村庄附近、路边及旱地中，经常能看到它的身影。刚长出来时有点拘谨，喜欢挤在一起，生怕受到欺负似的，只有在拔秆后才感觉到小蓟也是很自信的，村里人常常采摘刺儿菜作为清明团子的原料。椭圆形的披叶边缘同样长了刺，一不小心碰上就会刺痛。在茎的上部经常分枝，枝的头部长出髻形花苞，开紫红色的花，除了形状略小，与大蓟的花极为相似。

《名医别录》与《本草纲目》都把小蓟和大蓟放在同一条目，说明两者有极为相似之处，均有凉血、止血的功效，可治疗血热妄行所致的出血病证；两者又都具消散痈肿作用，可治疗热毒疮痈。但又有不同，大蓟散瘀消肿力佳，小蓟则擅治血淋、尿血诸证。正如《本草便读》所载："大蓟则散力较优，消痈则功能较胜。小蓟功专破血治淋。"

中文学名：稻槎菜

拉丁学名：Lapsana apogonoides Maxim.

别　称：鹅里腌、回荠、狗脚印草

科：菊科　　属：稻槎菜属

09 稻槎菜

自小就与稻槎菜打交道，就是叫不出它的大名。村里人都叫它狗脚印草，仔细一想，有点意思，草叶的末端长得与狗脚印的形状十分相似，真是名不虚传。这种草在未开花时，既有点像蒲公英，又有点像荠菜，会让许多人产生错觉，而它的学名称作“稻槎菜”，有点令人费解。据《植物名实图考》记述，稻槎菜“生稻田中，以获稻而生，故名。似蒲公英叶，又似花芥菜叶，铺地繁密，春时抽小葶开花，如蒲公英而小，无蕊，乡入茹之”。这段记述告诉我们，获得稻槎菜这个名称，关键是它“生稻田中”，但为什么要与

“槎”组合呢？“槎”作为名词是指树木的枝丫，但稻槎菜不是树木。仔细观察它的植物形态可以发现，在生长过程中基部会长出许多分枝而呈丛生的状态，或许就这样一个“槎”字从树枝落到了草上，还或许它善于“山寨”荠菜的模样，把自己从小草提升到菜的地位。

与稻槎菜打交道多，主要是在于这种草太过于常见。它经常出现在农田中，与碎米荠一样，成群结队生长。其实它也不太挑剔生长的地点，在路边、在城市的绿花中都有它的身影。在童年时割草，很喜欢这种草，冬天青草较少，稻槎菜刚好填补了这个空白，而且羊和兔子也喜欢吃这种草。

稻槎菜是越年生长的植物，在上一年的冬季早已破土而出，到了第二年的春节后不久，就开出了高明度的黄色小花。它的生长习性与荠菜很相似，因此也被叫作田荠。事实上它经常被误以为是荠菜，许多挑荠菜的新手，经常错把田荠当荠菜，看到田里生长着一大片田荠，常常欣喜有余、激动过度，挑了半天野菜回到家中，长辈们一看却是全错了。如果不知道犯错,还会在错误的道路上继续前行。等到洗净后在锅中炒熟，端上桌一尝，全是苦味，这时还是百思不得其解：别人都说荠菜好吃，荠菜饺子、荠菜馄饨几乎是春天美食的代表，不知道为什么自己挑来的野菜是苦的。

稻槎菜在幼苗的时候与荠菜长得很相像，但它们之间一点亲戚关系也没有。稻槎菜与蒲公英有点亲戚关系，同属菊科植物，荠菜则是十字花科植物，在农村生活过的人基本能够区分两者，分不清两者的，等到开花之时就一目了然了。稻槎菜一直贴着地面生长,并在侧边长出许多分枝，春时抽小葶，开出的小黄花除了醒目，其形态很像小号的蒲公英。荠菜则从中间只抽一根薹，薹苔心长得很高，开着白色的小花。

稻槎菜喜欢生长在潮湿的地方，稻田是它最喜欢的栖身之地，只要在田塍上走一走，随时都能目睹这种小草，而且数量众多。这完全得益于它的生长策略。它总是早早地开花结果，赶在农夫春耕之前完成自己的繁衍任务，提前把种子埋在土壤之中，等到冬天来临之时再次长出新的生命。

稻槎菜有一股青味，还有点儿苦，但还是有人喜欢吃这种野菜，就像许多人喜欢吃苦瓜一样，有的人专门寻找这种味道。其实稻槎菜是一味很好的草药，具有清热解毒、透疹之功效，可以用于治疗咽喉肿痛、痢疾、疮疡肿毒等。

中文学名：灯笼草

拉丁学名：Clinopodium polycephalum (Vaniot) C. Y. Wu & Hsuan

别　称：酸浆、鬼灯笼、苦灯笼

科：唇形科　属：风轮菜属

10 张挂在大地上的灯笼

挂灯笼是中国古老的习俗，起源于2000多年前的西汉时期，在农历正月十五元宵节前后挂红灯笼，用以寄托家人团圆的心愿，营造节日喜庆的氛围，以后灯笼就成了中国人喜庆的象征。但以下要写的不是灯笼，是灯笼草。

在植物世界，一种草所结的果子竟然形似灯笼，并由此被命名为“灯笼草”，这不仅是自然的造化，也是植物世界的奇妙。灯笼草的存在肯定比挂灯笼这种习俗更早，在《尔雅》中把灯笼草这种植物称作葴、寒浆，在《神农本草经》中称作酸浆。据考《神农本草经》成书于秦汉或更早的战国时期，全书收录本草365种，酸浆是其中之一。到了公元7世纪，唐朝因经济社会发展的需要组织编写了《新修本草》,这是第一部由政府颁发的药典。此书也名《唐本草》,第一次用“灯笼草”这个名称记录了原名酸浆的植物：“灯笼草，所在有之，八月采。枝干高三四尺，有红花状若灯笼，内有红子可爱，根、茎、花、实并入药用。”

灯笼草是唇形科、风轮菜属直立草本植物。《本草纲目》称作酸浆、苦耽，李时珍在“集解”中引掌禹锡（992—1068）的说法：“苦耽生故墟垣堑间，高二三尺，子作角，如撮口袋，中有子如珠，熟则赤色。关中人谓之洛神珠，一名王母珠，一名皮弁草。”这段话既描述了灯笼草的形态，也记录了关中人对此草的不同叫法。灯笼草在初长时与天茄子很像，开小白花，但所结果不一样。天茄子是属于茄科的，两者本来就不是同一科的植物。灯笼草所结的果子外面有一层青壳，也就是“如撮口袋”，其实更像灯笼，成熟后外壳转为枯黄色，壳中的果子如珠，大如樱桃，色黄，果中长满细子，如落苏之子，吃起来有很重的青草气。古人用白鹿皮做成的一种官帽称作皮弁，大概灯笼草的果子与其相像，也就有了皮弁草的别称，但这对当代人来说太过陌生，只有灯笼草最过形象和贴切，任何人看到其所结的果子自然与灯笼联系起来，连蒙带猜也会想到“灯笼草”这个名称。

常见的唇形科植物还有益母草、野薄荷等等。这类植物的茎和枝条多数为四棱形，叶对生，花两侧对生、二唇形。

《本草纲目》引陶弘景曰："酸浆处处多有，苗似水茄而小，叶亦可食。子作房，房中有子如梅李大，皆黄赤色，小儿食之。"由此可见，灯笼草自古以来就很常见，经常生长在村庄的路边或者是断垣残壁间，在割草时常在桑园地或庄稼地里偶遇它，东一株、西一株的分布四处，不招摇，也不抢眼，不故作姿态，不矫揉做作。它低调生长，开的是白色小花，而不是红花，这一点需要纠正。它从不引人注目，结了果子还要藏着掖着，到底是自带包装还是隐藏秘密，人们并没有去关心它。割草的人从不去伤害它，农夫也时常容忍它，或许是它的低调讨得人类的欢喜，或许是人类在等待窥视果壳中公开的秘密，或许是它用披挂灯笼的方式为人类带来了喜庆。总之，它总是在人类的眼皮底下从容地长大，低调地开花，再为大地张挂起喜庆的灯笼。

看到满枝的"灯笼"，确实让人惊奇，并诱惑人类摘取品尝，但浓重的青草味并不对人口味，或许在古代物产少，野果既可以充饥，也可以作为儿童的零食，所以有"小儿食之"的说法。照现在看根本行不通，儿童食品不仅种类多，而且口感好，早已远离摘野果的时代。类似灯笼果的一种果子叫姑娘果，两者难分伯仲，只是姑娘果要大出许多，而且爽口甜美，属于茄科植物，从遗传学来说两者没有亲戚关系。我出于好奇，把姑娘果的种子播在园子里，春天的时候真的长出幼苗，而且生长良好。两者的枝叶极相似，但姑娘果的叶长有绒毛，在初夏时照例开花结果，在气温升高后停止生长，原来姑娘果适宜于在北方生长，在南方从来无人种植。看上去相似的灯笼草是生长于自然界的本草，把果子当水果食用显然不太合适，但它具有清热解毒、利尿去湿的功效，可以治疗瘷痧发热、感冒、腮腺炎、喉痛、咳嗽、睾丸炎、大疱疮等。

中文学名：繁缕
拉丁学名：Stellaria media (L.) Cyr.
别　　称：鹅肠菜、鹅耳伸筋、鸡儿肠
科：石竹科　　属：繁缕属

11 枝繁条缕

种了一盆明月菜放在办公室，花盆中却长出两棵繁缕，而且生长速度很快，草枝从盆内爬到了盆外。繁缕就是这样的植物，只要是有泥土的地方，几乎都有它的存在，即便是放在办公室里的盆栽也不例外，在不知不觉中也长出了繁缕幼苗。它是个彻底的自由主义者，只要有机会，就扎根安家，但很多时候是安错了地方，我不得不动手清除，只是在不久后再次长出新芽，如此反复，就是除之不尽。

取名繁缕，或许是因为这种植物的繁殖能力和生长能力特别强。“繁”有繁殖、繁育、繁衍、繁多等意思，“缕”

泛指线状物。“繁缕”的字面含义就是指繁多的线状物，作为一种植物之名确实形象。如果是单株的繁缕，就能清晰地看到从根部长出的许多匍匐茎，不断地向外蔓爬，形成许多线条；如果是挤在一起的繁缕，根本无法分辨有多少线条绞在一起。

繁缕是繁殖力极为旺盛的植物，一年到头开满了白色星形的花朵，四处散播数万乃至数百万颗种子。超强的繁殖力，让它占据着各处地段。跨出家门，在墙边就能看到繁缕；走在路上，路旁也能看到繁缕；更不用说田边地头，到处都有它的身影。其实它在冬天的时候就已长芽出土，然后从根部长出许多匍匐茎，在地上蔓爬。有时候能够在空地上看到单株的繁缕，匍匐茎不断地向外蔓爬，好似在织一张蛛网。大多数时候看到的是许多繁缕挤在一起，相互的簇拥，让草茎站立起来，有时长到30厘米的高度。它的叶子对生，呈卵圆形，顶端渐尖或急尖，基部渐狭或近心形。随着春天的到来，繁缕的茎叶快速生长，在顶部开出五瓣的白色小花，花朵虽小，却是早春的风景。

在野外还能看到一种与繁缕形态十分相似的植物，只是草茎更粗、叶子更大，而且带有紫红色，不知道的人还以为生长的土地肥沃才会长这么大。其实不是，这是繁缕的另一个品种，人们称之为牛繁缕，大概就是表示这种草特别大一些。相对的，还有一种更小的，花瓣与萼片同样大小，这是小繁缕，不是因为营养不良，而是本来就长不大。

繁缕总是一边开花结果，一边继续生长，繁殖能力太强，到处散布种子而长错地方，不管是在菜园中，还是在麦地里，遇土便生长，成为农民讨厌的杂草。但我还是十分喜欢这种草，因为它善于生长，为割草提供了方便，而且又是一种适口性很好的牧草，羊和兔子特别喜欢吃。繁缕没有异味，嫩梢的味道与豌豆尖相似，但比豌豆尖更加柔嫩鲜美，平时很少看到有人食用，其实这是味美的野菜，可以炒食、凉拌或煮汤。繁缕的茎、叶及种子还可以入药，具有清热解毒、化瘀止痛和催乳的作用。

中文学名：凤仙花
拉丁学名：Impatiens balsamina L.
别　　称：指甲花、急性子、女儿花、金凤花、桃红
科：凤仙花科　　属：凤仙花属

12 急性子

急性子就是凤仙花，指的是同一种植物。名为凤仙花，原因在花上，其花色善变，形奇特。

凤仙花很普及，在江南村庄的路旁、墙边经常能看到，在城里许多人也喜欢种在花盆中。花开在秋天，可谓五彩缤纷，粉红、大红、紫、白黄、洒金等等，花色各异，花形特别。盛开的凤仙花犹如一只小鸟，上瓣较小，顶端有个小尖，看起来像鸟的冠，初长的蒴果似鸟的嘴，下面的花瓣似张开的翅膀，花瓣上的条纹犹如一对鸟足。把它称作凤仙花，无疑是一种赞美。凤是凤凰鸟，人类心目中的

神鸟，也是美丽的化身。

名为急性子，原因在种子。凤仙花的成熟蒴果，只要轻轻一碰，马上就裂开，真是性急无比，称为急性子，十分形象。其实还有一个原因，凤仙花的种子其性急速，能透骨软坚，以前庖人烹鱼肉时，喜欢投数粒凤仙花籽，这样就很容易煮烂。

童年的时候就喜欢种凤仙花，看到别人家的墙边长了那么多好看的花，真是眼红。看到凤仙花的种子成熟了赶紧采摘，只是奇怪，凤仙花的蒴果才转黄色就自然开裂，第一次采摘不知其中的秘密，手指刚碰上蒴果就炸开了，里面的籽全部弹到了地上，结果一粒籽也没有抓到，如果采摘还是青色的蒴果则不会发生这种情况，真是一种奇怪的现象。要采集凤仙花的籽，只能用小手抓着整个蒴果，这样才不至于掉到地上。采到了籽，撒在自家的墙边，第二年春天便长出幼苗，到了秋天开出一片多彩的花色。凤仙花蒴果的表面长着一层茸毛，一种毛绒绒的感觉，成熟时容易开裂，成为童年的玩具。看到挂在草枝上的蒴果，总有好奇心驱动，用手指弹一下，看着它崩开，或者轻轻地摘下来放在手掌中，用指一按，果荚开裂、种子滚出。

人类对花的喜爱不分年龄和性别，看到花开，赞美之情溢于言表，说明人都有爱美之心。凤仙花除了花美，还有特别的用处。它有一个别称叫指甲花，是少女们特别喜欢的一种实用之花，在还没有指甲油的年代，爱美的少女就是用凤仙花染指甲的。在童年时看到村里的小姐姐们把指甲抹得红红的，但她们不告诉我这个秘密。一次在南北湖识本草，山下的村子里照例看到了许多凤仙花，问同行的美女是否知道这种花。她说家里的院子里有很多凤仙花，颜色也很多，小时喜欢采摘红色的花朵染指甲。把花瓣放在碗里，拿擀面杖的头使劲地压，把碾碎的花瓣放在手指甲上，只要几分钟的时间，指甲就染成淡淡的紫红色。来自于大自然的天然染料，而且还带有淡淡的花香，真是难忘的乡愁。如果考究一点，还要在花瓣中放一点点明矾或者盐。这些东西，在农村每家每户都有，盐是不用说的，在自来水尚未普及时，农村饮用的河水就用明矾净化。染指甲时放上这些东西着色更牢，可以保持更长时间。凤仙花的色泽多样，染出来的指甲颜色也丰富多样，为了调整颜色，还可以放一点叶片。正规的染甲，要在手指上包上扁豆叶，并要保持一个晚上，美美地睡一夜，等待奇迹的出现，或许晚上还做起了美梦，梦见自己的指甲变得色彩斑斓，早晨醒来却发现自己的手指上裹着扁豆叶，等到打开一看，还真是美梦成真，一个个指甲红艳艳地呈现，并伴着一股清香，让人心里美滋滋的。或许，许多人喜欢种一盆凤仙花，本来就是为了装饰自己的指甲。

其实凤仙花是著名中药。其花能活血消胀，可治跌打损伤。其茎称凤仙透骨草，具有祛风湿、活血、止痛之效，可治疗风湿性关节痛、屈伸不利。其种子就是急性子，有软坚、消积之效，可治疗噎膈、骨鲠咽喉、腹部肿块、闭经等。吃鱼的人都有骨鲠在喉的经历，一根小鱼刺卡在咽喉，说不出的难受，只要将凤仙花的籽嚼烂噙化下，喉中骨自下，再用温水灌漱，以免损伤牙齿。如无籽，也可用根煮汤代之。当然，治鱼刺鲠还有一味特效药，名叫威灵仙，只要煮汤饮下，一转身就症状全消。

中文学名：狗尾草
拉丁学名：Setaria viridis (L.) Beauv.
别　称：阿罗汉草、稗子草、狗尾巴草
科：禾本科　　属：狗尾草属

13 摇曳的狗尾巴草

狗尾巴草几乎是妇孺皆知的植物。每到夏天，在草的顶端长出毛茸茸的花穗，有如上翘的狗尾巴，这就是它特有的身份标志，在微风中轻轻地摇曳着修长的身姿，是一幅天然的田园风景画卷。

狗尾巴草是禾本科一年生草本植物，无须描述它的形态特征，即使是第一次见识，也会自然联想到形象的名称。它春天发芽，夏天长穗，无论是在道路旁，还是在荒野中，随处可见。或许正是得益于长着狗尾巴一般的果穗，虽然所结的种子很小，但数量众多，一旦散落于大地之上，便随风飘远、随雨行走，落脚之处就是新生命的栖息之地。

狗尾巴草这个名称确实够土，但所长的花穗却讨人喜欢。以往农村的学生喜欢在上学途中摘一把狗尾巴草藏在书包里，无聊时用它毛茸茸的鞭毛轻挠前排的同学，如果是女同学，常常被吓得哭笑不得，这般恶作剧自是少年的顽皮天性。有时也喜欢摘一把狗尾巴草的花穗做一个花球把玩，用鞭毛在脸上轻挠，寻找一点痒痒的刺激。如果用狗尾巴草逗玩小猫，算得上是一件绝佳的道具。鞭毛轻挠小猫，小猫前后扑腾，比逗玩的人还要兴奋。干花厂也专门收购这种草，晒干染色后可以制成装饰品。

狗尾巴草扎根于路边，生长于荒地，默默无闻地为裸露的泥土披上绿衣，当长出花穗之时，又给大地装扮出一道风景。无论是在朝阳初升之时，还是在夕阳西下之际，站在路边观看随风摇曳的狗尾巴草，摆动的身姿拨弄着温暖的阳光，正是一道乡村美景。如果从逆光的角度观看，阳光穿过花穗上的茸毛，呈现出一轮独特的光晕，这又是一种恬静的田园风情。

狗尾巴草的名称虽然老土，却也有文学气质，在《诗经・国风・甫田》中就写到："无田甫田，维莠骄骄。无思远人，劳心忉忉。无田甫田，维莠桀桀。无思远人，劳心怛怛。婉兮娈兮，总角丱兮。未几见兮，突而弁兮。"这里的"莠"就是指狗尾巴草。大田宽广不可耕，狗尾巴草高高，长势旺盛。一个少女满怀心事，从少女时就怀念一个少年，却久不相见，已由小孩变为成人。

不止如此，狗尾巴草还有故事。传说它是仙女下凡时，从天上带来凡间的爱犬所化。仙女下凡来到人间与一位书生相恋，却遭到王母娘娘的阻挠。仙女和书生为了在一起，不惜抗命，在对抗的最后时刻，爱犬为了救人而不惜舍弃自己的性命，死后则化作了狗尾巴草。由此，这种草也长了一个狗尾巴。最终仙女和书生化作了阴阳两块玉佩，在人世间流传。相传相恋的两个人,如果分别获得这两块玉佩，便能终成眷属。

莠是粟的祖先，也就是说粟是从狗尾巴草进化而来的。从商代到秦汉时期，国人的主食既不是北方的小麦，也不是南方的大米，而是狗尾巴草的后代——粟。古时国王祭天，要扎一束粟，放于香烟缭绕的供桌上，与三牲放在一起,以求被一切世相所遮蔽、被高远云天所阻隔的天地神祇，能够赐福生灵以牛羊丰旺，粟米满仓。

狗尾巴草是从远古走来的植物，它既不择地而生，也不择水而息，强盛的繁衍能力让它遍布各地。在农耕时代，农村将之当作优质的饲料，割草之时遇到狗尾巴草总是满怀心喜。如今它正日益受到除草剂的“封杀”和挖掘机的“围剿”，但它早已积累了丰富的经验，也经受了严寒和酷暑的考验，以快速潜伏的方式完成生命的播种，只要又度春风，它就重回大地，这就是狗尾巴草在进化中获得的智慧。

中文学名：枸杞

拉丁学名：Lycium chinese Mill.

别　　名：苟起子、枸杞红实、甜菜子、西枸杞、狗奶子

科：茄科　　属：枸杞属

14 混搭出来的野菜

在菜场闲转，突然有人唤我：艾芹头买点。艾芹头是什么菜，还真是第一回听说，既不像芹菜，也不是艾草，不知何故取了这样一个名称。问卖菜的人：艾芹头是什么植物？他说：这是一种野菜。完全答非所问。

出于好奇，还是买了艾芹头，回家清炒一盆，下筷细尝，有种清凉的味道，似乎与芹菜有点相似，但艾芹分明是一种木本植物，与芹菜有重要区别。或许这种植物有点像艾草，又与芹菜的味道相似，于是就取了一个将“艾”与“芹”混搭在一起的名称。

从味道到形态，只要仔细分析，总会发现蛛丝马迹。去宁夏时，曾经喝过一种用枸杞叶制作的茶，味甘且带有一点清凉。这是一种茶，另一种却是菜，但还是明显感觉到有相似的味道。在农村，经常目睹野生状态的枸杞灌木丛，春天长出的嫩枝与所谓的艾芹一模一样，只是从来没有把它当作野菜食用。

有了这种分析，再去农村就多了个心眼。某天路过一个叫小木桥的地方，看到河边有许多枸杞，正值春天之季，初长出的嫩枝青绿肥壮，细心采摘一把，回家特地验证，正是这种熟悉的味道，所谓艾芹头，其实就是枸杞头。巧合的是枸杞这个名称也是由两种植物混搭出来的。据明代药物学家李时珍记述："枸、杞二树名。此物棘如枸之刺，茎如杞之条，故兼名之。"

说起枸杞，这是再熟识不过的名字。枸杞全身都是宝，其根称作地骨皮，具有凉血退蒸、清肺降火等功效；所结的果子称作枸杞子，具有阴阳双补的功效。许多人喜欢用枸杞子泡酒、泡茶，作为保健品食用，这是宁夏枸杞（Lycium barbarum L.），所结果子大，而且味甜，但嫩枝短、树叶细小。能当作野菜吃的是中华枸杞，几乎在全国各地都能看到，所结的果子偏小，而且青草味很重，很少有人采摘食用，在春天之时，如果采其嫩枝当作野菜，却不失为物尽其用。

中文学名：韩信草
拉丁学名：Scutellaria indica L.
别　　称：牙刷草、耳挖草、金茶匙
科：唇形科　　属：黄芩属

15 跟随将军去打仗

说起韩信草，自然会联想到秦汉时的军事家韩信，而这草的名称果真与韩信有关。这正是中国植物文化的特点，在植物名称的背后有传说，能讲故事。

相传，韩信自幼父母双亡，家境贫寒，或在邻家吃口闲饭，或到淮水边上钓鱼换钱，屡遭别人歧视与冷遇。一次，韩信在集市卖鱼，被一群恶少臭打一顿，卧床不起。邻居从田地里采回一种草药，很快就把他的伤治好了。后来韩信入伍从军，官至将军，帮刘邦打天下时，只要部下受伤，就会命令部下采来这种草分到各营寨治疗伤员，伤者很快痊愈。这草跟着韩信立下军功，后来人们把它叫作韩信草，并一直流传至今。韩信草的花常交互对生,长成并列的两排，形如一柄柔软的牙刷，所以也叫作“牙刷草”。

认识韩信草的时间不长，主要是之前对山上的植物不关注。直到有一天，几个朋友相约去南北湖爬山识草，路边不断出现一种长相类似薄荷的草，但叶片更圆一些，摘下来一闻，也没有清凉的薄荷香，请教之后才得知名叫韩信草。问他是不是军事家“韩信”这两字，答我说正是。从此对此草印象特别深刻，每次在爬山之时都能相遇，即便来到莫干山，同样看到一路的韩信草，看样子这草分布十分广泛。出于好奇还专门挖了一丛种在花盆里，守着它开花结果——蓝紫色的小花讨人喜爱，完全可以作为观赏花卉栽种。

韩信草是唇形科植物。这类植物的明显特征是叶大多对生，较少轮生，花二唇形。唇形科是一个大科，仅中国就有 99 属 808 种，常见的植物有薄荷、益母草、野芝麻等。韩信草的茎为四棱形，这也是唇形科植物的特征之一，还带点暗紫色。叶片心状卵圆形或圆状卵圆形至椭圆形，先端钝或圆，边缘密生整齐圆齿，两面被微柔毛或糙伏毛，叶柄腹平背凸，密被微柔毛。花对生，花梗与序轴均被微柔毛，花冠蓝紫色，冠檐唇形，上唇盔状，下唇中裂片卵圆形，花盘肥厚，子房柄短、光滑，花柱细长。2—6 月开花结果，成熟小坚果栗色或暗褐色。

韩信草性温，味辛，气香，无毒，具有清热解毒、活血止痛、止血消肿的作用，古代常用于治疗金疮刀伤，可以用于治疗跌打损伤、创伤出血、皮肤瘙痒、筋骨疼痛、多种出血、肺热咳喘、牙痛、喉痹、咽痛等，具有很高的药用价值。2001 年 10 月 7 日，香港邮政曾经发行了一套 4 枚的“香港草药”邮票，“韩信草”入选其中。

中文学名：黄鹌菜
拉丁学名：Youngia japonica
别　称：毛连连、野芥菜、黄花枝香草、野青菜、还阳草
科：菊科　属：黄鹌菜属

16 开在冬日的小黄花

时至初冬，连续降温之后，已现树叶枯黄。但有一种草却是例外，仍然生机勃勃，有的似乎刚出土不久，叶片紧贴着地面，有的已经长出花蕾，正在含苞待放。是初冬天气还不够冷，还是它会错了季节，在目光所及之处随处生长。这种草的学名叫黄鹌菜，又名野芥菜，形状与初长的芥菜很像。

黄鹌菜与蒲公英十分相像。蒲公英别名黄花地丁，两者都冠以黄姓，而且同属菊科植物。在很长时间里，对黄鹌菜总是存有一种疑问，长的模样很像蒲公英，但又分明

不是。它在秋季就发芽出苗，一部分在冬季就开花，大多以幼苗越冬，来年返青生长，4—9月开花、结果。蒲公英虽然在春天才生长，但至少有几个月的时间与黄鹌菜同台展示，而且都开相似的黄色花，结籽时冠毛带着种子随风飘扬。当然两者是具有重要区别的植物。黄鹌菜叶基生，倒披针形，提琴状羽裂，裂片有深波状齿，叶柄微具翅。茎直立，茎梢有分枝，在同一根茎上可以开出多枝花。头状花序有柄，排成伞房状、圆锥状或聚伞状。总苞圆筒形，外层总苞片远小于内层。花序托平，全为舌状花，花冠黄色。瘦果纺锤状，稍扁，冠毛白色。蒲公英也是长直立的茎，但每一枝茎秆上只开一朵花，而且所开花朵比黄鹌菜要大，这或许是它们的最大区别。

黄鹌菜的果实覆有一层白色柔软的绒毛，与蒲公英极为类似，就像降落伞般在微风中起舞，好像很快乐悠闲的样子，由此它获得了“喜乐”这一花语，意为受到黄鹌菜花祝福而生的人，会一生轻轻松松，没有负担。

黄鹌菜是一种生长能力极强的植物，在山坡、山谷、山沟林缘，林下、林间草地及河边沼泽地、田间与荒地上都能生长，而且对温度和湿度也无太多要求，只要跨出家门，随处都能看到，在居住的小区内行走几步，就见到多处长着这种草，在初冬季节还开出了鲜亮的小黄花。或许正是太多，人们习以为常、不足为奇，其实这是大自然对人类的馈赠。绿色生命是生态的基础，在保护水土的同时，也为大地提供景观。黄鹌菜的花虽然不大，艳黄的色彩却为冬日增添了亮丽。黄鹌菜全株还可以入药，具有抗菌消炎的作用，可以治疮疖、乳腺炎、扁桃体炎、尿路感染、白带、结膜炎、风湿性关节炎等等。这种草随处可见，可以随用随采，真是方便之极。黄鹌菜也是一级无公害蔬菜，虽然带有一点苦味，只要用盐水浸泡或焯一下就能去除，无论是炒食还是凉拌，都是独具风味的野菜。

中文学名：红蓼
拉丁学名：Polygonum orientale Linn.
别　　称：荭草、红草、大红蓼、东方蓼、大毛蓼、游龙、狗尾巴花
科：蓼科　属：蓼属

17 数枝红蓼醉清秋

红蓼是古老的植物，也是富有诗情画意的植物。

在《诗经·国风·山有扶苏》中有“山有乔松，隰有游龙”的诗句，句中的“游龙”就是今天的红蓼，因其“枝叶之放纵”，古人称之为游龙。诗句所说的是山上有挺拔的青松，洼地里有丛生的红蓼。红蓼是蓼科蓼族蓼属一年生草本植物，体形粗壮高大，枝高达 100—120 厘米，上部有多分枝，叶宽，呈卵形、宽椭圆形或卵状披针形，喜欢长在水边。

红蓼自古受文人喜爱，或诗或画，在文人的笔尖生出诗情画意。陆游专门作过《蓼花》诗：“十年诗酒客刀洲，

每为名花秉烛游。老作渔翁犹喜事，数枝红蓼醉清秋。”在陆游的眼里，只要有数枝红蓼，秋天都可以陶醉，其实醉的不是清秋，而是触景生情的人。白居易在《曲江早秋》中有诗句：“秋波红蓼水，夕照青芜岸。”白居易写过许多与曲江这个地方有关的诗，初秋时节江边的红蓼与夕照，无疑是最美的江景之一。宋人徐崇矩的《红蓼水禽图》中，一枝红蓼横斜，小花盛开，水鸟发现波中青虾，悄然飞落红蓼枝头，引喙而啄。水鸟栖于红蓼上，压湾的红蓼的梢头浸入水中，水鸟翘起长长的尾翎，双眼窥视着水中的鱼虾。齐白石作品《红蓼蝼蛄》以红蓼为主体，淡红花茎，深红花穗，再配上蝼蛄，显示出勃勃生机和浓浓的情趣。

红蓼是陪伴我童年的植物。在童年时代，邻居家的墙边每年准时生长两种高大的花草：一种开着大朵大朵的红花，好像对着人张着笑脸，村里人叫它一丈红；另一种是开着一穗一穗的红花，并害羞地低着头，村里人叫它水仙花。这两种花都非常可爱。一丈红的花朵大，花瓣也大，时常将之摘下来粘在脸上，好似一只蝴蝶栖着。村里人所称的水仙花就是红蓼，有人也叫它酒药草。红蓼的花穗微微弯曲，随风摇曳，招人喜欢，经常摘一棒拿在手中把玩。喜欢这样的花，便摘了种子播在自家的墙边，等待来年的萌发。红蓼便成了童年最早种植的花草，等到春暖花开之时，总要到墙边看一下，红蓼长出来了没有，直到雨后的一天清晨，墙边的泥土中长出了细小的苗芽，起初只有两片小小的圆叶，接着在小叶中间长出芽尖，并开始拔节生长。看着不断长高长粗的红蓼，有成功的窃喜，还有持久的等待，等待秋日中的数枝红蓼。

红蓼的茎枝很粗壮，长叶的部位有节，与竹节极为相似。叶片宽形，两面密生短柔毛，用手触摸柔柔的，就像摸在灯芯绒上的感觉。红蓼的花与狗尾巴草的穗很相似，人们也称它为狗尾巴花，花穗上时常开着小红花，粉黛颜色，招人喜欢。李时珍说："古人种蓼为蔬，收子入药。"蓼具有除腥的作用，古人烹鸡、豚、鱼、鳖，皆实蓼于其腹中。红蓼的子大如胡麻，赤黑而尖扁，名"水红花子"，有活血、止痛、消积、利尿的功效。现今已鲜有人种植红蓼，回到老家，村子里不见一枝红蓼，那可爱的狗尾巴花，早已成为儿时的记忆。也没有看到过村里有人食用红蓼，即便是做酒曲，用的也是马鞭草，而不是蓼草。

同属蓼科的辣蓼和水蓼却随处可见。辣蓼个子较小，喜欢长在旱地和麦田中，开的花与红蓼有一定的相似度，但毕竟弱小得多，而且它总是长错地方，无疑是农夫眼中的杂草。水蓼喜欢长在水边，经常在沟渠旁和河边看到它的身影，特别是在荒凉的河边，总是肆无忌惮地生长，不仅长得葱郁高大，而且占据大片领地，俨然是河边的一道风景，在秋高气爽的时节，灰绿的叶片之上开出点点粉红，呈现出繁花似锦的模样，不失为一道亮丽的秋景。

中文学名：藜
拉丁学名：Chenopodium album L.
别　　称：落藜、胭脂菜、灰藜、灰蓼头草、灰菜、灰条
科：藜科　　属：藜属

18 蒙灰的野菜

灰菜的学名叫藜，因茎叶上有细灰如沙而名。灰菜当然是可以食用的，采摘其幼苗可以充饥，也可以做成菜肴。

王磐在《野菜谱》中写道："灰条复灰条，采采何辞劳。野人当年饱藜藿，凶岁得此为佳肴。东家鼎食滋味饶，彻却少牢羹太牢。"灰条即是灰菜，蛮荒时期人类以此充饥，荒灾之年灰菜就是佳肴。朱橚所撰的《救荒本草》在"灰菜"条目中专门附了食谱："采苗叶煠熟，水浸淘净，去灰气，油盐调食。晒干煠食尤佳。穗成熟时，采子捣为米，磨面作饼蒸食，皆可。"说的是灰菜的苗叶可以煠食，结的籽也

可以磨成粉来制饼。现在已很少有人食用灰菜了，但它曾经是重要的救饥菜。

藜科植物是个大家庭，仅中国就有 38 属 184 种。大多数人吃过的菠菜就是藜科植物之一。灰菜是华东地区常见的一种藜科植物，喜欢生长于田野、荒地、路边以及住宅附近，只要走到野外，几乎随处可见。春天初长的幼苗，看起来与苋菜十分相似，只是藜的叶子好似蒙了一层灰，缺少了蔬菜青翠的质感，难怪现代人对其失去了兴趣。

灰菜的分布很广，形态变异很大，经常看到的有三种不同的形态：第一种全草都是灰黄绿色的，嫩头部分的叶子是灰色的，好像沾上灰尘似的；第二种是具有暗红色的叶脉，嫩头部分的叶子常带有暗红色，在生长中又慢慢转为绿色；第三种全草几乎都是灰色的，好像满身粘着尘土，只有在分叉部位有一点暗红色。

藜是高大的植物，株高可达 30—150 厘米，在荒地中经常成片生长，完全是慢条斯理的德性。比起灰菜，同属的杖藜是藜属中最为高大的植物，《中国植物志》第 25 卷在“杖藜”的条目中是这样写的：“一年生大型草本，高可达 3 米……嫩苗可作蔬菜，种子可代粮食用，茎秆用做手杖（称藜杖）。”杖藜茎秆基部直径可达 5 厘米，这样的高度和粗细无疑最适合削作手杖。古人绝少用木杖，把“杖藜”称作红心灰藋，并喜欢用杖藜做手杖。南宋诗僧志南有绝句：“古木阴中系短篷，杖藜扶我过桥东。沾衣欲湿杏花雨，吹面不寒杨柳风。”其中“杖藜扶我过桥东”所表达的就是拄着藜杖走过小桥。

朱橚把灰菜收录于《救荒本草》，帮助人们在饥荒之年找到救饥食物，但灰菜的味道一般，有一种很难去掉的青气，没有马齿苋的清滑，也没有苋菜味美。现代人已无饥荒之虞，毋须藜藿之食了。人类对灰菜似乎早已冷落，但它也不甘寂寞，到处扎根、蓬勃生长。藜作为中药由来已久，常用于治疗肠炎、痢疾、疥癣、湿疮、痒疹和毒虫咬伤等。灰菜虽然口味不佳，但营养丰富，特别是富含胡萝卜素和维生素C，有助于增强人体免疫功能，可作为老小皆宜的保健食品。

中文学名：桔梗
拉丁学名：Platycodon grandiflorus (Jacq.) A. DC.
别　称：铃当花
科：桔梗科　属：桔梗属

19 南北湖的桔梗

一个在南北湖长大的朋友告诉我，南北湖山上有很多野人参，这让我百思不得其解。人参是长在北方的物种，怎么会出现在江南的南北湖，而且是很多。

在南北湖景区内确实经常有人叫卖野人参——一种长得与人参相似的植物之根，熟悉南北湖植物分布的人一看到就会明白，这不过是桔梗而已，是一种因根结实、梗直而得名的植物。同时叫卖的还有“门冬”，其长相确实与门冬相似，但我从未听说南北湖盛产门冬之事。问其产于何处，却说山上很多。出于好奇，我在山上多处寻找，却从未发现，直至一次看到乡民一边采摘一边叫卖，于是买了新鲜的所谓门冬回家试种，等到第二年长出地面才发现，哪里是门冬，分明是淡竹叶的根。小商贩就是这样，擅长牵强附会、指鹿为马，游人出于好奇难免上当。

第一次在南北湖见识桔梗是在爬山的途中，正值春天，跟着朋友从邵湾出发，沿着小涧向上爬行，途中看到一种不认识的植物，长有长卵圆形的叶片，很像小树苗，便问朋友：这是什么树？朋友说：这是野人参。原来这就是他所谓的野人参。其实真是一种误会，之前虽然从未见过桔梗，但心里也已猜中八九。

再一次见到桔梗开花已是深秋时节，也在南北湖爬山途中。我偶然发现灌木丛中有一个紫色的花球，像一枚倒置的小灯笼，含苞欲放，非常惹眼。南北湖竟然长有这样的奇花，让人感到十分惊奇。仔细观察，这个花球呈五角星状，孤独地生长在小树丛中，显得十分另类，但之前确实没有见过这样惊艳的花。再往前搜寻，有几枝已经张开花瓣，一个紫色的五角星在茎的顶头随风摇摆，似乎正在向我招手。眼前的惊奇让我从不同的角度去思索，这究竟是什么花？通过仔细观察枝叶判断，这就是传说中的桔梗。从早春的幼苗到仲秋的含苞欲放，竟有如此之大的变化，让人深感生命的奇妙，这或许印证了一句俗话：女大十八变。第一次见到桔梗时，似乎就是一个黄毛丫头，没有风韵，毫不起眼。再一次见到桔梗时，已经开花，是个花季少女。由此，也让人感慨良多，走进自然不仅会有“艳遇”，而且可以赏悦另一类生命的多姿多彩，赏花真是最好的审美体验。什么是美？不用说教，只要在大自然中体验就好。在自然世界，能够看到更多的生命力呈现。桔梗从初春的成长到仲秋的花开，就是一种繁衍生命的行为，她喜欢装扮自己，用最美的姿态呈现自己，直到完成繁衍的使命。人类为了感谢植物的这种友情，习惯把花落叫做花谢，一个"谢"字，所表达的正是对生命的感谢。

桔梗是我国传统常用的中药材，具有宣肺、祛痰、利咽、排脓等功效，主治咳嗽痰多、咽喉肿痛等症状。听说以前专门有人在南北湖收购这种中药材，现在大多改为人工栽培了。桔梗的根是肉质状的，也可以作为野菜食用。大自然就是这样，为人类提供了一个生态体系，只要你有心去认知，即便如桔梗这样的普通植物，既可以成为治病良药，也是餐桌美味。

中文学名：爵床
拉丁学名：Rostellularia procumbens (L.)Nees
别　　名：爵卿、香苏、赤眼老母草、赤眼、小青草
科：爵床科　　属：爵床属

20 爵床青青

经常在路边看到一种小青草，颜色特别青，大概正是这个缘故，获得了“小青草”的名称。这草的叶对生，长椭圆形，形似苏叶，但要小许多。叶长 1.5—3.5 厘米、宽 1.3—2 厘米，两面常被短硬毛。叶柄短，长 0.3—0.5 厘米，被短硬毛。小青草的每一节叶腋几乎都有分枝，春长一个芽，秋成草一丛，大有独木也成林的架势。在每一茎枝的顶部长出青色的穗状花序，花序上开出淡红色或紫红色的小花，青色之中的数点微红，虽然不抢眼，却也亮丽。这种小青草有一个奇特的学名叫“爵床”。

把一种草命名为爵床，现代人觉得匪夷所思。“爵”本意为古代一种三足酒器，无论怎样比对，两者都没有关联之处。“爵”也指君主国家贵族封号的等级。小青草本来就没有贵族之气，植物命名中也没有封爵的规则，看来“爵床”作为名称并不代表身份的高贵。作为文字,在古代“爵”通“雀”，似乎有故事发生。夏纬瑛在《植物名释札记》中称，爵床因为可以治疗“腰脊痛不得着床”，故有“床”名，而“爵”通“雀”，“‘雀’，又常用为‘小’义”，此草形小，因此得名。李时珍在《本草纲目》“释名”中说：“爵床不可解。按吴氏《本草》作爵麻,甚通。”称其小青草,直观通俗，大多数人就是这么叫的。它又名香苏,最早载于《名医别录》,以形似苏，而香味过之，故名。

对于小青草，大多数人并不陌生，它时常出现在我们的身边，与铁苋菜相邻生长，而且生长的时间也很长，从春天萌发，到秋天开花，有三个季节的生长期。或许是它太过普通，我始终缺少关注，对爵床科植物更是无知，不知道常见的小青草就是爵床，更没有见识过除此之外的爵床科植物，或许看到过，但不知其名，更不知道属于哪个门派。穿心莲或者板蓝根，是耳熟能详的名字，同样不知道是爵床科植物，它们也没有出现在我的身边，我无法与之建立感情，只有小青草才是身边的伙伴。终于有一位民间采药者告诉我：小青草就是爵床，小青草有大用途。

除了小青草，在江南之地很难见到爵床科的其他植物，实在令人费解。好在爵床是从不挑剔的,除了更加喜欢阴湿,路边、树下、沟渠旁、旱地中，它都能生长。它既没有贵族那样矫情，也没有贵族那样挑剔，它只是野草中的贫民百姓。它也是大自然的精灵，是人类最忠实的草友，从古到今，跟着季节的脚步走进春天，走到人类的身边。有时它也会长错地方，长在庄稼地里争夺空间，人类可以割舍它，但它从来不计前嫌，对大地俯首听命，对人类不离不弃，时刻等待着献身建功。

爵床从不挑剔生长的地方，小青草确实有大用途。它自知责任重大，始终忠心地守护着人类，《神农本草经》上说："爵床，味咸，寒。主腰脊痛，不得着床，俯仰艰难，除热。可作浴汤。生川谷及田野。"《神农本草经》是中国最古老的中药书，共收录365味中药，爵床就是其中之一，从中可以看出，它在古人心目中的地位，它需要肩负的责任。从它的长相到生长方式，可以说爵床就是很贱的小草，但从古至今生生不息，这是一种顽强的生命力，在这种生命力的背后还有强大的药力。平时人们与之缺少关心和交流，以为只是路边的杂草，当你把它从泥土中拔出来时，一股浓重的药味扑鼻而来，这就是它的本性，具有清热解毒、利尿消肿等功效，常用于感冒发热、疟疾、咽喉肿痛、小儿疳积、痢疾、肠炎、肾炎水肿、泌尿系感染、乳糜尿，外用治痈疮疖肿、跌打损伤。

中文学名：看麦娘
拉丁学名：Alopecurus aequalis Sobol.
别　　称：山高粱、路边谷、道旁谷、棒槌草
科：禾本科　　属：看麦娘属

21 跟着麦子成长的“伪娘”

“看麦娘”似乎是一个带有乡愁的名词，让人联想到女子专注地守望着麦田的场景，这是一种温暖的并带有乡土味的情调。看麦娘确实时常守望着麦田，但它不是一个女子，而是农田杂草。

看麦娘喜欢长在农田中和田塍上，是禾本科看麦娘属一年生草本植物。在农村生活的人都见识过这种草，春天的农田和田塍上经常生长着小丛的青草，它叶片细长稚嫩，给人一种可爱的印象，但它根系发达，牢牢地抓着大地。看麦娘的生长时间与麦苗大体重合，经常隐身于麦田之中，

与麦苗有几分神似，以此掩盖自己的行踪，但有经验的农夫能够一目了然地识破这种伪装伎俩。与麦子相比，看麦娘只是小个子一个，茎枝细瘦，节处常膝曲，长大以后的色泽绿中带灰，没有麦苗那样的纯正青绿。到了4月份，看麦娘开始抽穗，与大部分禾本科植物一样，在茎叶的包裹中长出一个大肚子，然后是破包抽穗，圆锥柱状的花柱上，略施橙黄色的花药，一眼望去好似举着棉花棒。此时的田塍上，早已立满了看麦娘，就像到处都是站岗的列兵，场面严肃宏大，俨然是在执行看管麦苗成长的伟大使命。柱状的花柱或许更像古代的兵器狼牙棒，一大片包围麦田的看麦娘扛着狼牙棒，无疑是一种壮观的场面，国人给它取了这样一个名称，固然有几分意象，但看麦娘并没有履行看管麦子的义务，完全是徒有虚名。

看麦娘属植物有一群长相相近的“亲戚”，在地球上约有50种，在我国有9种，分布于全国各地。在海盐常见的还有日本看麦娘，形态上与看麦娘几乎难以区分，而且两者经常混生，只有到了抽穗扬花之时才能发现花药的颜色是不一样的，日本看麦娘花药多白色，看麦娘的花药为橙黄色。看麦娘属的拉丁名为Alopecurus，是“狐尾”的意思，大概西方人一看到这种圆柱形圆锥花序，就联想到狐狸尾巴。

看麦娘长在田里就是杂草，对麦苗的生长有害无益，对于牛羊却不失为优质的牧草。它叶量丰富，草质好，蛋白质含量较高，产草量中等，既可以用作青饲料，也可以晒作干草。平时很少有人用它做草药，但它确实具有利湿消肿和解毒的功能，可以用于治疗水肿、水痘、腹泻和消化不良等。牛羊以草为粮，食百草而防百病。

中文学名：喜旱莲子草

拉丁文名：Alternanthera philoxeroides (Mart.) Griseb.

别　　名：水花生、革命草、湖羊草、空心苋

科：苋科　　属：莲子草属

22 湖羊草的过往

“湖羊草”是江南人所取的一个中国式草名，这种草的学名叫喜旱莲子草，原产于巴西，于1930年传入中国。获得“湖羊草”这个名称，是与江南许多地方养殖湖羊的历史有关。在20世纪，杭嘉湖一带的农户普遍养殖湖羊，湖羊草就是养殖湖羊的饲料，到了冬天，地里的大多青草已经枯死，农户便用干草和湖羊草作为湖羊的越冬饲料。

江南水乡以水出名，河浜星罗棋布，河道纵横交错。在以往，大多数的河浜和河道中都种植湖羊草。在老家的后面有一条大河，名叫大横港，河两边种着成片的湖羊草，

只有在河的中间才留出一条水道用于行船。有河湾的地方，更是风水宝地，湖羊草比较容易固定，不容易被大风刮走，农户绝不会放过这样的地方。到了夏天，湖羊草生意盎然，密密麻麻的枝头争相挺出水面，晒着太阳，迎着暖风，开出白色的小花，有如一颗颗钻石。由于自己的重量，湖羊草长高了又压下去，中空的草枝又让它浮在水面，形成一层厚厚的草垫，船行其间，犹如在草地上穿行。在农村公路尚未通行时，村民依靠农船运输物资，上街常常搭船出行。人少时摇一艘小木船，男人们轮流摇船，妇女儿童只要安静地坐在船舱中便好。人多了就要摇一艘大的水泥船，除了一个人摇橹，还要有一个人帮着拉绳。这时乘船的青少年便会轮流出力，其实这就是学习摇船的机会。船在河道中快速前行，湖羊草擦船而过，河中的鲢鱼经常受到惊吓，一不小心就跳到了湖羊草上面，草垫挡住了鱼的退路，捡条鱼回家便是经常发生的乐事。

在集体生产的年代，种植湖羊草是每年春季的重要农事，不仅农户种植，生产队集体也种植。河道虽然是重要的水上交通要道，但也是养鱼和广植湖羊草的空间。养鱼权属于鱼场，但农民可以在河网中种植湖羊草，两种不同的用途共享这些湖网，形成一种生物链而相得益彰。种植湖羊草需要准备许多绳子，这项工作在冬天就已经开始。晚稻收割后有许多稻草，冬天农闲时节，农户家里、生产队集体都要提前搓稻草绳。到了春暖花开之时，越过冬的湖羊草开始长出新芽，这时就要种植湖羊草了。把上一年留下来的湖羊草捞上来，绑在早已准备好的绳子上，再在河中隔成一个一个的方格，在每个角上用竹竿打桩固定，在方格内撒上一层薄薄的湖羊草，种植湖羊草的任务就算完成了。随着天气转暖，它会越长越密，到了下半年草料青黄不接时，湖羊草就是喂羊的主要饲料了。

种植湖羊草的时节，仍觉春寒料峭，但河边场面热闹。村里的男人们摇着船专职把湖羊草捞上来，妇女们负责在河边绑草。在捞湖羊草的过程中,经常有黄鳝和虾带到船里，这是劳动时的意外收获。河里的白鲦也趁机轧闹猛，在水面上跳下窜追逐鱼虾。这种场景给我许多诱惑，也让我有一个新的想法：如果坐在捞湖羊草的船中钓鱼，不知效果如何。有了这种想法，第二天就上街买了铜牌钓，也就是在鱼钩上挂有一块铜牌，卖鱼钩的人还特别关照，回去后要用毛灰把铜牌擦亮。做好一切准备，就登上了种湖羊草的船。大人们捞湖羊草，我就在旁边钓鱼，一会儿就感觉到鱼儿猛烈咬钩，用力往上一拉，一条白鲦出水，这种感觉不仅是自己惊喜，更让船上的人惊叹。看着我频繁上鱼，捞湖羊草的大男人们早已分散心思，把注意力投在了钩鱼上。有了这一次的尝试，我特别喜欢种湖羊草的季节。一到春暖时节，就开始打听哪一天生产队开始种湖羊草了，其实心中一直惦记着上跳下窜的白鲦。

现在人们把喜旱莲子草看作外来入侵的有害物种，其实在过去湖羊草是农村生活中的重要伙伴。在一段时间里，湖羊草确实达到了泛滥成灾的程度，但这不是在大量种植湖羊草的年代，而是在弃种湖羊草以后才出现的现象。人工种植湖羊草，主观上是用作养羊的饲料，经过春夏秋三季的生长，湖羊草织成厚厚的草毯，冬天到来时，农户每天挑一些回去喂羊，不养羊的农户和生产队集体的湖羊草就等着外面的养羊大户上门收购。冬天一到，西头养羊的农户就会摇着船上门收购湖羊草，虽然价格很便宜，卖一船 5 吨才 20 多元钱，但平时不需要花心思管理，省心省力，在 20 世纪六七十年代，一年增加几十元的收入，对普通的农户来讲是不少的收成。那时虽然湖羊草种得很多，但从来也没有泛滥，相反，通过吸收水中的富营养成分，还起到了净化水质的作用。只是后来农户不再用湖羊草喂羊了，湖羊草不但没有自生自灭，反而泛滥成灾。

湖羊草也是鱼的食物和栖息地，在夏秋之季，经常可以看到鲫鱼、草鱼吃食湖羊草的情景，而大多鱼虾也喜欢栖息在湖羊草下面，这就是鱼虾的秘密。村民们正是掌握了鱼虾的这种生活习性，一年四季都可以在湖羊草中抓到鱼虾。春天是鱼产卵的时节，村民们经常在湖羊草的下面张酵袋捕鲫鱼，傍晚提前布好，早上就有不少的鱼获。夏天的时候，在湖羊草边放麦弓钓草鱼，钓到的都是肥硕的草鱼。秋天开始，在湖羊草上打个洞，用手杆钓鱼，鲤鱼、鲫鱼、白鲦等各种鱼都能钓上来。在夏天，我最喜欢在湖羊草里捉虾。自己做一个大网，轻轻地从湖羊草的一头放入水中，把栖息在草中的虾赶到网里，如此重复移动、赶虾，等到从另一头取出来时，网中早已河虾多多。其实渔民也是用类似的方法捕捉鱼虾，只是他们划着船抄鱼，工具更好用，行动更方便。

湖羊草能在水里生长，也能在地上生长，只要遇到水和泥土就能生根，即便是割头或切断都能活命，由此便有了“革命草”的俗称。河里捞起来的湖羊草堆在地上，过一段时间就生根了，有的农户没有湖羊草的种，就从地里割喜旱莲子草撒在河里，同样能种出一大片湖羊草。农村实行土地承包改革以后，路边、地头的杂草一年比一年增多，农户喂羊的草料有了更多的替代品，养羊大户则专门种植优质牧草，养羊的方式发生了重要的转变，湖羊草开始成为无用的杂草。生长在地里的经常遭受除草剂的剿灭，生长在河道中的随波逐流，生长在河浜中的无法迁移而越长越厚。老去的湖羊草烂在河浜中，河床中的污泥越积越厚，河水也发出阵阵臭味。时代的变迁同样也改变了湖羊草的命运，在自然灾害的年代，湖羊草曾经被当作充饥的粮食，到了今天却是有害的外来入侵植物，真是两种不同的命运。与之有同样命运的还有水葫芦和水浮莲，开始时是当作肥料在农田中种植，可是它却跑到了河道中，在人类还没有认清它的本性之时，见缝插针，到处疯长，不管是河道还是河浜，总有它的身影出现。虽然在冬天之时疑似隐灭了，可是一到春天又从四面八方冒了出来，步步为营，抢占水面。从表象上看似乎为单调的河面披上了绿装，到了夏季还开着紫色的花朵，用尽一切伪装迷惑人类的判断，但总有一天人类还是认清了它的本质，不管是湖羊草还是水葫芦或者水浮莲，根本就没有“纪律”可言，一刻也不会待在原地不动，只要有一个出口，就溜之大吉，然后到处霸占水面。

经过“五水共治”，河道和河滨中的湖羊草已经基本被剿灭，再也没有星罗棋布的绿色草垫，河浜也露出了水的容貌，到处乱窜的水葫芦也专门有人搜擒，人类的能力真是无所不及。但似乎这并非是句号，在自然生态中缺少了水草这一角色，不知道会演化出另一种什么样的状态。大量的污水排放在河道中，单靠水自身的能力是否能够自我净化？即便是太湖这样浩大的湖泊，也曾经出现过蓝藻泛滥的现象，这又是一种不守纪律的生物，在人类排放污水行为失控之时，它就趁虚而入。或许人类懂得这种教训，在清剿湖羊草、水葫芦和水浮莲之后，再次栽种另外的水生植物，在河滩边经常看到水菖蒲、莎草、再力花、梭鱼草等等，在河中间也有架子做成的花坛，种植的水草名目繁多，其中不乏水浮莲的身影，只不过是换了“大漂”这样的新名称。

不同的植物具有不同的本性。漂浮在水面上的水草就属于随波流的，只要一有机会就四处逃散。扎根于河边的水草比较有纪律，能够坚守一方领地，但也不尽然，菖蒲、芦苇这些植物，其种子到处飞舞，在浅滩地只要一经发现它的身影，不出几年便会挤满整个空间。即便是海边的围涂，不需要多长的时间，就会长出大片的芦苇。或许芦苇的种子本来就是潜伏的高手，经过漫无目标的飞舞投身大海，借助潮汐的力量再次潜回大地。湖羊草显然没有这种本领，虽然曾经有过辉煌，但终究已被人类抛弃。其实它是愿意遵守纪律的，只要人类不再对它放任，是能够在生态链中发挥另一面的作用。

中文学名：老鹳草
拉丁学名：Geranium wilfordii Maxim.
别　　称：老鹳嘴、老鸦嘴、贯筋、老贯筋、老牛筋
科：牻牛儿苗科　　属：老鹳草属

23 老鹳草

用动物命名的草很多，老鹳草就是其中之一。

老鹳就是白鹳，江南没有这种大型鸟类生活，但看到过白鹳的图片。其嘴长长尖尖，老鹳草成熟时的果枝与其十分相像，这正是名称的由来。

以动物命名一种草，本来就很特别，老鹳草更是与众不同。牻牛儿苗科，不仅读起来拗口，而且本来就冷门，平时能够见到的基本就只有老鹳草一种，而且很有个性，喜欢单独生长，在大多数情况下只会看到东一棵西一棵，不像看麦娘似的成群生长。但它的生命力很强，在冬天，

掌形的小叶被冻得通红，看起来就像“华为”的商标，依然顽强地越冬，等到春暖花开之时，不断长出新的枝叶。

一直以来觉得老鹳草有几分神秘，但不知道出于什么原因。有时想去寻找它，却难觅踪影，不经意间却在田间地头遇见。冬天大部分草已经枯萎，它却临风不惧，或许正是这种神秘，平时很少关注它，即使在童年割草之时，从来也没有多少兴趣。冬天青草很少，老鹳草装成一副老态龙钟的样子，春天终于长出了绿叶，别的草比它更绿，也许它自己知道，因为离群的个性，更需要通过伪装来保护自己。

老鹳草在长枝之前总是喜欢贴着地面生长，叶掌状或羽状分裂，长枝以后达30—50厘米。聚伞花序生在顶部或者从叶腋中长出花枝，花瓣大部分5瓣，中间有花柱，结果后形似老鹳喙。每一个果瓣都结一个种子，等其变成黑色，就是成熟样子了，在外力作用下，5个果瓣会各自向上弯曲，并将种子弹出。

老鹳草是一味很好的中药，具有祛风湿、通经络、止泻利的作用，可以治疗风湿痹痛、麻木拘挛、筋骨酸痛、泄泻痢疾等病症。为了强调它的重要性，民间还有一段传说。相传在隋唐时期，著名医药学家孙思邈云游到四川峨嵋山上的真人洞，并在此炼丹和炮制多种治疑难病的妙药。由于当地湿度很大，上山求医的人大多患有风湿病，孙思邈用遍所有方法仍然束手无策。一天，孙思邈上山采药，发现有一只老鹳在陡峭的山崖上，不停地啄食一种无名小草，随后拖着沉重的躯体缓慢飞回林中。过了几天，孙思邈再次见到这只老鹳啄食此草，而这次比上次飞得雄健有力。这是一个重大发现。老鹳鸟长年在水中寻食鱼虾，极易染上风湿邪气，觅食此草的目的非常明白。受到老鹳的启发，孙思邈摘取这种无名小草熬汤，让风湿病患者服用，几天之后原来双腿及关节红肿的症状肿消痛止。后来孙思邈就给药草起名为“老鹳草”，一则是因为此乃老鹳鸟所认识和发现，应归功于它；二则是其果枝恰似老鹳的喙。

中文学名：龙芽草
拉丁学名：Agrimonia pilosa Ldb.
别　称：狼芽草、瓜香草、地仙草、老鹤嘴
科：蔷薇科　属：龙芽草属

24 寻找脱力草

从春天开始，我一直在寻找脱力草。

脱力草长在丰山上，在当地很出名。丰山位于丰山村与丰义村之间，东边属于丰山村，西边属于丰义村。在东边的山脚下有一爿药店，史上称作马天益堂，现在叫丰山药店。门口竖了一块牌子，出售丰山脱力大补药，以为这就是传说中的脱力草，仔细一看却不是，虽然冠以“脱力”之名，其中却没有脱力草之实。

在早春的时候，专门来到丰山寻找脱力草，从山脚寻到山顶，再从山顶觅到山脚，却始终没有发现脱力草的踪影。

来到村里专门请教丰山村的书记：丰山上是不是真的有脱力草？他说是有的，但现在还没长出来，还说脱力草的学名叫龙芽草，是蔷薇科龙芽草属多年生的草本植物。知道了学名，就可以在网上寻找图片，然后再按图索骥寻找就行了。

时间很快到了5月份，大部分宿根生的植物早已长出了新枝绿叶，一年生的植物大都也在春天发芽生根，冬型植物已经开花结籽，这个季节龙芽草应该早已枝繁叶茂了，但在丰山上依然没有找到它的踪迹，或许是它的名声太大，被人过度采挖而早已绝迹了。找不到脱力草，终究是一种遗憾，寻找的念头却始终没有排除，也许丰山药店的药师能够告诉答案。来到丰山药店请教药师，说是山坡上就有脱力草，于是再去寻找，结果还是一无所获。听说我在寻找脱力草，许多热心的人不断为我提供信息，胡永良先生帮我联系了熟悉当地草药的沈先生，他在自家的院子里种植了多种药草，有的是我从未见识过的植物，我相信他对丰山上的草药是相当了解的。在得知我要寻找脱力草之后，他说知道脱力草长在什么地方，而且很多，只是刚长出来，不太好认。在他的向导下，来到村子东头的丰山南坡下，这里长着一片刚冒芽的小草。他说这就是脱力草，在生产队做“双抢”时，村民采这种草煮汤喝，既长力气也防暑热。原来脱力草是预防脱力的意思，与字面脱力的意思正好相反，就像把灭火说成是救火的道理一样。这种小草确实是我第一次所见，初长时是这么小，不知道长大后是什么样子。离开时顺便挖了一丛，回到家种在院子里，慢慢长出了更多的叶片，原来这不是龙芽草。到了夏季来了一场台风暴雨，这几棵小草不幸淹死，再也看不到它们的生长过程。

趁着国庆休息，再次来到丰义村体验美丽乡村，并继续寻找脱力草。走上山道，路的两侧开满了紫色的草花，让人感到惊奇。之前几次在这里走过，却从来没有注意到这种小草的存在，现在花开了，一路紫色的浪漫，竟是如此的灿烂和动人。这是在丰山上独有的一种植物，学名叫香薷，别名香荣、香茹。在这个季节开花的植物已经不多，而香薷却是如此的淡定，在众多的植物花谢而去之时点缀自然，让枯叶初现的山路再次呈现生机。穗状的花序看起来十分醒目，其中一侧没有花瓣，老远望去就像是一条毛毛虫爬在草上，在秋风中东摇西晃，好似向一路走来的游人招手致意。继续前行还有几株开白花的香薷，也许是不甘心隐于众花之中，要标新立异，引人注目。来到山下，碰到了丰义村的老书记沈金泉，向他说起了山路上的香薷，他说当地人也把它叫作脱力草。这让我非常吃惊。脱力草的学名叫龙芽草，怎么会变成香薷了，上一次村里的沈先生给我指认的另一种草也说叫脱力草，这里面不是有误会就是有故事。为了一探究竟，再次来到村东的山坡下，春天的小草已然不见，同样的地方有几株草正开着紫色的小花，经过反复查验，正是上次看到的所谓“脱力草”，学名叫石荠苎，别称野藿香，药用名叫野香茹。香薷与石荠苎都是管状花目唇形科野芝麻亚科的植物，虽然所开的花形态不同，但叶和枝极为相似，而且都有类似薄荷一样的香味。作为中药，香薷具有发汗解表、和中利湿的功效，石荠苎具有疏风解表、清暑除温的功效，也就是说这两种草都可以用于治疗暑湿感冒，在“双抢”之前煮汤喝都有防止中暑的作用。

已经找到了两种所谓的脱力草，寻找学名为龙芽草的脱力草的热情已经慢慢退去，但孙晓梅女士告诉我一个好消息，她已经托人请丰山药店的药师采来了脱力草。这让我再一次兴奋不已，在收到实物之前，请她先拍一张照片传过来，打开照片一看，是石荠苎，也叫小鱼仙草。虽然不是盼望中的龙芽草，但证明了一个推测，在当地使用脱力草确实是为了预防中暑。虽然是几株小草，但我依然很珍惜，一直把它栽在办公室内，或许是室内比较温暖，尽管户外已经下起了大雪，但它依然保持着生命力。

走过了秋天步入冬天，大多宿根生的草本植物早已枝败叶落，唯有那些冬型植物显得另类，在入冬之初就发芽生长，大蓟的幼苗已伏在山路两侧悄然生长，山坡上的蒲公英也开出了黄色的小花。龙芽草属于多年宿根生草本植物，到了冬天已进入休眠期，但胡永良先生发来了一条信息，告诉我真正的脱力草找到了。这个消息让我感到很突然，在一个错误的时间找到了正确的脱力草，让人觉得不太真实。但我还是如约来到丰义村，在老书记沈金泉家的院子里看到了几盆新栽的植物，几根枯枝之侧长着几片新叶，从形态上看是一种蔷薇科的植物，初看还以为是覆盆子的幼苗，细看枯枝上没有小刺。正在猜想之时，沈金泉先生走了出来，向我介绍：这是前几天从山上挖到的脱力草，现在已进入冬天，确实不好找。为了培育扩种，特地把它移种到自家小院。他真是一个有心人，听说我在寻找脱力草，就一直把这事放在心上，一有空便上山寻找，真是功夫不负有心人，终于找到了真正的脱力草，用事实证明丰山脱力草的存在。这是我第一次看到原生的龙芽草，虽然只有几根枯枝和几叶新芽，但一到春天准会枝繁叶茂。

脱力草是丰山上的著名植物，用作一种重要的中药，在当地由来已久。据传，马天益堂的创始人当年治病的药主要从丰山上采集，到了第四代传人马宝芝（1890—1956）时，用祖传秘方将当地的脱力草与党参、白术、茯苓等十几味中药配制成脱力大补药，对劳累过度、手脚酸软、食欲不振、气虚乏力等症状，疗效十分显著，从此马天益堂名声大振。龙芽草具有止血、健胃的功能，常用于治疗劳伤脱力及各种出血。劳累过度常致乏力，严重者还会内脏出血，脱力草就是专门治疗脱力症的药，再加上补气、补血的其他中药就变成了脱力大补药，具有强身健体的功能。但凡药总有三分毒，脱力草也不例外，它能够引起多种过敏，无病之人切莫乱用。

中文学名：鳢肠

拉丁学名：Eclipta prostrata

别　　称：乌田草、墨旱莲、旱莲草、墨水草、乌心草、黑墨草

科：菊科　　属：鳢肠属

25 止血良药墨旱莲

莲是圣洁、美丽的化身。宋代周敦颐说："予独爱莲之出淤泥而不染，濯清涟而不妖，中通外直，不蔓不枝，香远益清，亭亭净植，可远观而不可亵玩焉。"在许多人的心目中，莲与女神是可以划等号的，常用莲供奉观音，许多女孩的名字中常冠以莲字。墨旱莲虽然名中带"莲"，但它身上不具备这些因子，既不漂亮，也不出名，实在是太过平常，以致许多人见了它都叫不出名字。识得墨旱莲是在学中草药时，时间已经过去30多年，仍记忆犹新。采药实践课上，老师指着田边的一种草说：这草叫墨旱莲，是止

血的良药，如果受伤流血，只要捣碎敷上立即见效。

墨旱莲喜欢长在富水的地方，在农田边上最是多见。之前既叫不出名称，也不知道有什么神奇之处，只感觉到茎叶表面粗糙，用手一摸就像摸在砂皮上，给人的印象并不好。正是这个缘故，对墨旱莲总是熟视无睹，即使是割草也看不上它。

墨旱莲的学名叫鳢肠，别称还有许多，乌田草、旱莲草、墨水草、乌心草等等。鳢就是黑鱼，不管是墨还是鳢，其实说的就是黑。把它的茎叶揉碎后，会流出墨绿色的汁液，这或许就是得名的由来。称之为旱莲草，与它的形态有关，李时珍在《本草纲目》中说："细实颇如莲房状，故得莲名。"名中"旱"字则是相对水莲花而言。

墨旱莲是一种一年生的草本植物，虽然也名莲子草，与喜旱莲子草似是相像，但习性却相距很远。墨旱莲一向很从容，总是要等到立夏以后才开始发芽，这时的江南雨水充沛、温度回升，大多的春草早已走过了生命的轮回，墨旱莲才不慌不忙地出场。在 6 月初，趁着休息，来到湿地公园走了一圈，水边的喜旱莲子草早已长成一大片，并开出了白色的小花，墨旱莲却才长出不久，三三两两地散落在草丛中，不加细察就避过了我的眼睛，在枯草丛中倒是长出一大片，你拥我挤的像个冒失鬼。这正是墨旱莲的特性。其种子有休眠期，只有经过冬季的低温才能解除休眠，在温度上升至 15 摄氏度时开始萌芽，在 20—30 摄氏度时最适宜发芽。墨旱莲的种子很小，千粒重只有 0.5—0.6

克，很容易被雨水冲走。掩埋的土层超过 1 厘米就较少萌发，只有在浅层的种子才有机会萌芽，也许会巧遇农夫翻土，地下的种子翻到了地面，让它又一次获得萌发的机会。正是这种特性，墨旱莲的种子总是身不由己，常常被雨水挟着东奔西跑，遇到草丛的阻挡才有了栖身之地。当然也有例外，从它落地开始就受到保护，就像待在鸟巢中，等待着孵化的一天。

墨旱莲属于湿生植物，喜欢长在田边、湿地边，土壤含水量达到 20—30% 时，大批萌芽，形成生长高峰。它的枝和叶都被密硬糙毛，通常自基部分枝，叶长圆状披针形，与喜旱莲子草的叶有点相像，只是前者边缘有细锯齿和被毛，后者光滑。墨旱莲的花同样很有个性：头状花序，有长 2—4 厘米的细花序梗，花不大，直径只有 6—8 毫米，形态像微型的向日葵，只是外围花瓣是白色的。

墨旱莲是止血的良药，具有滋补肝肾、凉血止血的作用，可以治吐血、鼻出血、咳血、肠出血、尿血、痔疮出血、血崩等症。《唐本草》说，墨旱莲“主血痢。针灸疮发，洪血不可止者，傅之立已”。墨旱莲还有另外的用途，《本草纲目》中说，墨旱莲“乌髭发，益肾阴”。古人常采集墨旱莲，取其汁，涂在胡子和头发上，用以染黑。

中文学名：萝藦
拉丁学名：Metaplexis japonica (Thunb.) Makino
别　　称：芄兰、羊婆奶、婆婆针落线包、羊角、天浆壳
科：萝藦科　　属：萝藦属

26 长在《诗经》里的芄兰

《诗经·卫风》有《芄兰》一诗："芄兰之支，童子佩觿。虽则佩觿，能不我知？容兮遂兮，垂带悸兮。"表达的是女子眼中的"童子"年幼无知。"芄兰"就是萝藦。姓萝名藦，一个怪怪的名字，说起来绕口，看上去生僻，让人联想到与佛教有关。其实一点关系都没有，"萝"通常指的是爬行蔓生的植物，萝藦就是一种喜欢缠绕他物爬升的植物。

第一次见到萝藦早已过去二十多年，在枣园新村的菜园边，长有许多藤蔓，上班路过经常看到，一直以为这是一种名叫"百部"的植物。直到一个深秋季节，藤蔓和枝叶早已枯黄，只有几个荚果依然吊在枯藤上，在秋风中摇晃不定，远观犹如小鸟。有几个中间已经开裂，露出几丝白绒。这是很有意思的场景，虽然没有“枯藤、老树、昏鸦”的苍凉，也有“萧萧秋意”的联想。不得不承认，对这种植物很陌生，但觉得很新奇，摘得两枚放在案头观赏，看到的人都要问一下这是什么果实。许多年后在南北湖再次看到这种植物，藤蔓缠绕在路旁的树枝上，几只纺锤形的果子挂在上面，远观以为是树上之果，近察才发现是藤上之物，一头尖尖，肚儿圆圆，形如纺锤。问当地的村民，都叫不出名称，后来终于在《植物名实图考》中查到此物，名叫萝藦，也有称其为奶浆草、老瓜瓢，折断它的叶或梗，便有乳白色汁液流出来。果实形似羊角，《诗经》就用它比作“觿”，“觿”是古代一种解结的用具。

在我们的身边有许多藤蔓植物，大多形态特征明显，不易混淆，比如牵牛花，叶片是宽卵形或近圆形，开的花酷似喇叭，即便是第一次见到，也会脱口而出：这是喇叭花。或许萝藦太古老，让人不曾相识，而且与另一种名为“百部”的植物形似，让人经常混淆。百部的叶片呈卵形或者卵状长圆形，萝藦的叶片呈卵状心形，也比前者大，两者有很大区别，但仍然容易误判，只有看到结的果实时，才恍然大悟，两者竟有如此不同。

认识了萝藦就不再对它熟视无睹，不管是在坡旁还是路边，经常能看到这种植物。它是萝藦科萝藦属多年生草质缠绕藤本植物，到了夏天就会结出果子，翠绿的果皮包着雪白的絮状瓤，放在嘴里一咬，有乳白色的果浆淌出，香脆甘甜，还带有异样的清香。长在地下的宿根，在第二年春天再次长出新枝，而它的种子却如慧星，拖着长长的丝状尾巴，一旦从果壳中溜出来，便张开翅膀随风飞舞，离开自己的母亲，寻找新的生命落点。

中文学名：葎草

拉丁学名：Humulus scandens (Lour.) Merr.

别　　称：蛇割藤、割人藤、拉拉秧、拉拉藤、五爪龙、勒草、葛葎蔓

科：桑科　属：葎草属

27 勒人的藤蔓

葎草俗称拉拉藤，也叫野绞股兰或五爪龙。它大名鼎鼎，也臭名昭著。这种草的最大特点就是茎和叶柄上有细刺，衣服沾上它会钩破，皮肤碰到它会钩出血，草木被缠上会被勒个半死。而且它的繁衍能力特别强，荒郊野外是它的天堂，几乎没有天敌，魔爪一样的藤蔓步步为营，四处蔓延。爬在平地，无阻无拦；爬上灌木，临空飞渡；爬上乔木，攀援向上，只有前进，决不退避。即使是在房前屋后，如果心慈手软，不及时清除，同样泛滥成灾。

葎草是桑科葎草属的一年生草本藤蔓植物，村里人习

惯称之为拉拉藤。或许拉拉藤的名称更加直白与形象，称为葎草让人有点难以理解。“葎”是一个鲜用的字，在《现代汉语词典》中把“葎”字直接归入到“葎草”条目，称其为“一年生或多年生草本植物”。这一注解并不准确，葎草是一年生的，而不是多年生的。《新华字典》把“葎”解释为“一种蔓生草”，这比较通俗易解。“葎”字是专用在植物上，指的就是葎草及葎草属的植物，就像皇帝的名字一样是专享的。这让葎草在无意间享受了皇帝的待遇，在植物中是少有的规格。其实它还有一个更容易理解的别称叫勒草，因茎有细刺，善勒人肋，得名勒草，或许葎草的名称就是从勒草讹变而来。但“葎”强调的是蔓生的特性，“勒”侧重的是草上的刺善勒人的特点，音虽然近，但语意不同。

桑科植物常见的有桑树、构树、无花果等等，它们都是木本植物，只有葎草是草本植物。如果一定要找出之间的相似之处，除了桑树的叶很光滑之外，其他三者的叶都长有细毛，手摸上去像一张砂皮纸。葎草的叶肾状五角形，有点像伸开的手掌，构树和无花果的树叶都有深裂，粗看有几分相似，只是构树和无花果叶形状要大得多。葎草属植物除了葎草，还有滇葎草和啤酒花。滇葎草与葎草在形态上非常接近，放在一起可以乱真，但它是多年生的攀援草本植物，叶掌状有 3—5 裂不等，而且只生活在中海拔地区的山谷里，主要生长在云南等地区，所以被称作滇葎草。啤酒花作为葎草属植物，其藤蔓及叶片与葎草也很相似，但它是多年生深根系作物，叶卵形或宽卵形，不裂或有3—5裂，雌花很大，苞片呈覆瓦状，排列为近球形的穗状花序。这种花就是酿造啤酒的重要原料之一，在新疆等地有大量种植。

葎草几乎不选择生长地方，不管是路边还是野郊，只要人类不采取措施，到了夏季到处都是葎草的藤蔓。即使是乱石堆中，它照样能顺着缝隙钻出藤枝，路边、野郊更不在话下。葎草在萌芽时其实挺可爱的，初长的基叶特别修长，在幼叶未长出之前犹如一位窈窕淑女。当慢慢长出芽轴和幼叶之后，开始露出本来面貌，叶片长成小掌形，藤上长出了钩刺，而且植株数量众多，狼群战法让其他的草毫无立足之地。遇到比它高的草或树，它会毫不犹豫地攀缘缠绕，自己则越长越高、越长越密，下面的草渐渐地萎缩。

葎草在大多数人的眼里就是一种非常讨厌的杂草，虽然到处疯长，但没人愿意去关注它。一次来到新围垦的海涂上，发现照例长满了葎草，真是令人难以置信，难道葎草长翅膀，会从远处飞过来，或者它的种子长腿，会自己走过来？因为我们缺少对它的关注，根本不了解它的生存法则。葎草的藤蔓按顺时针旋转，纤维非常坚韧，很难扯断，藤蔓和叶柄上都长着小刺，生长速度非常快，一旦成气候，就很难清除，一不小心还会被它划伤，平时人们总是对它敬而远之，由此却变成了一种容忍，让它肆无忌惮地生长。葎草雌雄异株，两者的叶长得一样，到了秋天在叶腋中长出花穗，雄株花穗长、有分枝，开出浅淡的黄绿色小花，雌株的花截然不同，被层层叠叠的鳞状包片包住，看起来就像是一个微型的松果。葎草的种子产量很高，一株可产数万粒，主要以风和鼠虫类动物为媒介传播。老鼠喜欢吃植物的种子，同时也习惯储藏植物的种子，无意中常把不同的植物搬到别的地方。葎草的种子的发芽率很高，只要是当年的种子，不是深埋在土壤中，次年基本都能发芽。正是这样的特性，葎草常会大片生长或者在一个新的地方突然冒出来。铲除葎草就要在幼苗时期下手，等到长了一大片就手足无措了。

一直以为葎草是一种外来的有害植物，其实它是土生土长的古老植物，成书于汉末的《名医别录》对葎草早有记载："味甘，无毒。主瘀血，止精溢盛气。"《唐本草》上说：葎草叶似蓖麻而小且薄，蔓生，有细刺。古方亦时用之。现代的中药房中仍有葎草这一味药，用于治疗肺结核潮热、肠胃炎、痢疾、感冒发热、小便不利、肾盂肾炎、急性肾炎、膀胱炎、泌尿系统结石等等，外用可以治疗痈疖肿毒、湿疹、毒蛇咬伤等。按照《中国植物志》的记载，葎草的果穗可以作为啤酒花的替代品，只是和真正的啤酒花相比，它的果穗显得太小了。

中文学名：马鞭草

拉丁学名：Verbena officinalis L.

别　　名：马鞭稍、铁马鞭、白马鞭、疟马鞭、凤颈草、紫顶龙芽草、野荆芥、酒药草

科：马鞭草科　属：马鞭草属

28 酿一壶酒香

在祖屋的墙边长有许多酒药草。

草如其名，被称作酒药草，当然是用来做酒药的。酒药就是酒曲，酒药是农村的俗称。酒药草有半米多高，茎是方的，叶片宽大，边缘有锯齿，到了夏天开始长花穗，花穗形似马鞭，其学名就叫马鞭草。

改革开放以前，农村具有自给自足的生活特点，农户家里几乎都有酒药。平时用酒药做酒酿，这是一个时代的美味，特别是在夏天，农村没有冰箱，饭做多了吃不完，无法保存，如果做成酒酿，既可以避免浪费，也可以作为

风味小吃。在冬天，家家户户酿米酒。过去农户收入少，很少到商店买酒，春节招待客人都用自己酿的米酒。

做酒酿和做米酒都少不了酒药。酒药的样子似汤圆，农村的大部分家庭都会做。做酒药的原料非常普通，米粉、酒药草和曲种，如果自己家里没有曲种，可以向邻居家讨要，不同的曲种做出来的酒酿味道有差异，有时即使自己家里有酒药，也会向邻居家讨曲种。制作的方法十分简单，把酒药草捣碎，取其汁，再加一部分开水，兑入米粉，把米粉和好做成小圆子，滚一层酒曲粉末，然后放在篮子里挂在通风的地方，经过两三天的自然发酵，圆子的表面长出了毛，就可以在太阳下晒干了。晒干的酒药就是日后酿酒或做酒酿的酒曲。

其实可以做酒曲的草是很多的，在农村有时也把红蓼叫作酒药草，但通常都是用马鞭草做酒药，大概用马鞭草做成的酒药酿出的酒味道更好。随着时代的变迁，现在农村已经很少有人做酒药了，但墙边的酒药草仍然春天发芽、夏天开花、冬天枯谢，几十年过去了，一丛丛的酒药草年复一年枯荣轮回。

马鞭草能做酒药，很讨江南人的喜欢，不管是长在房前屋后还是路边，都不会被铲除。其实在国外同样受人喜欢。在古代欧洲，它被视为珍贵的神圣之草，在宗教庆祝的仪式中被赋予和平的象征。马鞭草是一味常用的中药，在民间还有一段传说。相传观音菩萨闲来无事，坐莲台四处察看民情。有一日，见一朵白云被一圈乌云绕着，时散、时聚，心中顿生疑窦，便化作个老太婆，下去看个究竟。结果发现有一个女人，正用一根粗马鞭抽打她的男人，男人躺在石鼓上，敞开的大肚皮，肿得像一盏琉璃灯。女人噙着眼泪一边抽一边问男人："好受一些吗？"男人额头上渗出一粒粒豆大的汗珠，咬紧牙关说："再抽，再抽。"观音菩萨不忍心看下去，便上前阻拦。抽马鞭的女人看着这陌生的老太婆，抱怨说："老婆子，要你管什么闲事。我们村前村后的人生大肚子病，都是靠马鞭抽好的。病要好，抽得早。病要好得快，鞭抽一千下。我还只抽了五百。"观音菩萨笑道："你这马鞭这么灵光，给我看看吧。"观音菩萨接过马鞭，往地里一插，说："我把它变成草，你们用草煎汤，喝了包好，不要再用马鞭抽打了。"马鞭一着地就生了根，长出了绿绿的叶片，微风一吹，眼前一大片马鞭草。女人拔了一棵回家煎汤，男人一喝下，胀鼓鼓的肚子真的变小了。

传说只是一种美好的愿望，但这种草是常见的中药，具有清热解毒、活血散瘀、利水消肿、消疟和治疗血吸虫病的作用。为了采摘方便，老百姓喜欢将它种在房前屋后。今天，大肚子病早就消失了，人们更多的是把它作为做酒药的原料使用，酿一壶酒香，留一村乡情。

中文学名：马齿苋
拉丁学名：Portulaca oleracea L.
别　称：马苋、五行草、长命菜、五方草、瓜子菜、麻绳菜、马齿菜、蚂蚱菜、酱瓣菜
科：马齿苋科　属：马齿苋属

29 农妇眼里的酱瓣草

在农村，常把马齿苋称作酱瓣草，原因是这种草掰断茎后会流出白如牛奶的酱汁来。不过“马齿苋”这个名称也是有说法的。这种草的茎叶肥厚、肉质，叶片为长倒卵形，多并排生长如马齿状，其性滑利似苋，由此，古人把马齿和苋两个不同的物种混搭在了一起。

马齿苋的名称中虽然有一个“苋”字，其实并非苋科植物，而是马齿苋属、马齿苋科植物，同属中还有大花马齿苋、四瓣马齿苋等“亲戚”。大花马齿苋已被作为观花植物广泛种植于城市道路的花坛中，每年的 6—9 月开花，花

色有红色、紫色或黄白色等多样，色彩艳丽，夺人眼球。

马齿苋分布广泛，南北各地均有生长，在江南更是随处可见，即便是在房前屋后，也时常有它的身影出现，而且特别喜欢长在旮旮旯旯里。马齿苋喜欢贴着地面生长，不摆盛气凌人的姿势，与大地相拥不弃。淡绿色的小叶片光滑而有质、肉感，暗红色的茎与之相配，茎叶分明，没有妖艳撩人的表情，却给人亲切的感觉。马齿苋的花很小，花梗也短，三五朵浅黄色的小花掩映在枝叶之间，没有半分招摇的情态。蒴果卵球形，卵球有盖，里面盖着经过一个夏天生长的全部秘密。岁月的风会把盖子吹开，谜底是直径不逾一毫米的种子，密密麻麻，紧紧挨着，亲密犹如一群兄弟，在寒冷的冬季里，它们静静地地等待，在来年的春风撩拨下，又慢慢苏醒，像前辈那样在阳光下铺展属于自己的一片生机。

马齿苋总是喜欢孤独地占据一角，不喜欢相互挤在一起，从根部出发匍匐前行，最后变成一丛，形成相对独立的世界。在城里很难见到它，在乡村到处生长，农民经常采摘后放在农贸市场出售，这是最受人喜食的野菜之一。马齿苋也是唐代诗人杜甫最爱品尝的一道野菜，他在《园官送菜》诗中写道："苦苣刺如针，马齿叶亦繁。青青佳蔬色，埋没在中园。"马齿苋的食用方法很多，下水焯一下凉拌是最简单的吃法，清脆爽口，是一道不可多得的凉拌菜。如果是清炒，有很大的酸味，令人不太习惯，为了改善口味，人们喜欢做成马齿苋炒蛋、马齿苋肉汤、马齿苋粥，一点淡淡的酸味，变成了开胃菜。但马齿苋也不能久食，它性寒凉，脾胃虚弱、受凉引起腹泻、大便泄泻者及孕妇不宜食用，也不宜与甲鱼同食，否则会导致消化不良、食物中毒等症。

马齿苋是典型的药食同源植物之一，除了寻常作为野菜食用，入药的历史十分悠久，《唐本草》《开宝本草》以及少数民族的药志中均有记载它作为良药的功能，一系列的良方以其为主，配伍其他药品，治病救人。唐代医学家陈藏在《本草拾遗》中写道：(马齿苋)“人久食之，消炎止血，解热排毒；防痢疾，治胃疡。”马齿苋具有清热解毒、凉血止血的功效，可用于热痢脓血、热淋、带下病、痈肿恶疮、丹毒等。据现代药理学分析，马齿苋确实具有较强的杀菌消毒的作用，对肠炎菌痢等有着极好的疗效，被医家称为“植物抗生素”。

中文学名：马兰

拉丁学名：Kalimeris indica (L.) Sch.-Bip.

别　　称：马兰头、路边菊、田边菊、泥鳅菜、泥鳅串、蓑衣莲

科：菊科　　属：马兰属

30 众人眼里的野菜

马兰俗称马兰头，这是普及率最广、知晓度最高的一种野菜，每年在2月末开始出现，田埂上、院落里、池塘边，随处可见它的踪影。春天是挑马兰头的最佳时节，它翠绿鲜嫩，清新爽口，是最容易吃到的野味，到了5月末就开始变老，人们不再去野外采食。

王磐在《野菜谱》中是这样描述的：“马拦头，拦路生，我为拔之容马行。只恐救荒人出城，骑马直到破柴荆。”似乎因为拦路生而被称作“马拦头”。李时珍在《本草纲目》中说：“其叶似兰而大，其花似菊而紫，故名。俗称物之大

者为马也。”也就是说，马兰叶似泽兰，花似菊，而且叶比一般的草要大。不过马兰确实喜欢长在路边及田埂上，说它“拦路生”一点不假。马兰作为一种宿根生的植物，只要不连根铲去，在同一个地方每年都会长出新芽，每到春暖花开之时，就会不请自来。它采集天地之灵气，吸取日月之精华，在田埂地头生出一丛丛绿叶；它是大自然的美妙馈赠，田野里的报春精灵，在人类的食谱中增加一道天然的美食。马兰也是妇孺皆知的植物。早在童年之时，便跟着奶奶来到田埂上挑马兰头，虽然时间久远，但印象深刻，从此便记住了它的模样。在春天里，挎上篮子、拿把小剪子，挑马兰头是很时髦的一件事。这时的马兰头也最肥嫩，吃起来最爽口。挑马兰头就像摘茶叶一样，跟着春天的步伐，抢的就是一个“鲜”字。

马兰的花似菊，其实还真是菊科家属中的一员。在植物学分类中马兰是菊科紫菀族马兰属植物，但植物形态与菊花一点不像。马兰的叶呈倒披针形或倒卵状矩圆形，长3—6厘米，宽0.8—2厘米，齿或有羽状裂片，两面或上面有疏微毛或近无毛，这副模样看起来与菊花的叶完全不同。菊花的叶要大得多，呈卵形或长卵形，而且带羽状半裂或浅裂，边缘有浅锯齿。但两者也有相似的地方。马兰花与野菊花的形态及大小极为相似，只是色泽不同，马兰花是浅紫色的，野菊花是黄色的。菊科植物是一个大家庭，平时见到的植物中，有相当大的部分属于菊科类。艾与菊是最相像的，在未开花之时几乎难以区分，这是典型的菊科植物。讨人喜爱的蒲公英，叶上带刺的大蓟、小蓟都是菊科植物，只要稍加留意，在户外到处都能找到菊科植物。

在农村长大的人大多有过挑马兰头的经历。挑马兰头看似简单却有讲究，记得童年时兴高采烈地挑了一篮马兰头回家，母亲却花了许多时间才选好。挑马兰头的诀窍是在向阳的地方寻找，这种地方的马兰头长得早、长得大，然后是把马兰头的叶子捋在手心，用剪子将嫩梢微红的梗剪下来。挑马兰头的说法就是只取马兰的嫩头，这才既嫩又干净，用水漂洗一下就可做菜了。

马兰头的吃法有多种多样，常见的有清炒、凉拌、干蒸和作馅等。清炒马兰头原汁原味，更能品尝到野的味道。马兰头炒香干，或者搭配猪肝、肉丝等荤食小炒，这是另外一种风味。凉拌马兰头是一种简单的吃法，马兰头在沸水中焯过后用调料凉拌，甚至直接蘸酱油吃。干蒸是在春季将挑洗干净的马兰在沸水中煮熟，捞出晒成干，保存至秋冬季食用，食用时隔夜用冷水浸泡，第二天入锅，加油和肥肉煮，香味诱人。馅主要剁碎了和猪肉泥拌匀做馄饨、饺子和团子。其实在农村是不缺蔬菜的，瓜果豆角和各种蔬菜四季不断，随便在房前屋后或地头转一圈，就能找到多种新鲜的蔬菜，挑马兰头和吃马兰头是一种乡愁。在小时候跟着奶奶挑马兰头，这是许多人难以忘记的童年经历，即使到了成年，或离开了乡村，每到春天都会应季生情，有闲暇的人不忘重温一下挑马兰头的乐趣，忙碌的人不忘在菜场里买一把马兰头回家，即便是到了饭馆，也不忘记点一盘马兰头，其实吃的不仅是乡间的美食，也是童年的回忆。现代人为了方便，经常在房前屋后栽种马兰头，想吃了摘一把，十分方便。更有人将之种在大棚中，作为一种蔬菜出售，在饭店中吃到的大多是大棚中生产的马兰头，看上去很嫩，一年四季都能吃到，实际上很瘦且味淡。好吃的马兰头还得要到野外去寻找，这才有真味和乡愁。

江南人喜欢将马兰头作为野菜吃，其实它也是常用的中药。清代美食家袁枚在《随园食单》中写到："马兰头摘取嫩者，醋合笋拌食，油腻后食之，可以醒脾。"《本草纲目》上记载，马兰气味"辛，平，无毒"，主治"破宿血，养新血，止鼻衄吐血。合金疮，断血痢，解酒疸及诸菌毒、蛊毒。生捣敷蛇咬"。现代医学研究表明：马兰头对大肠杆菌、痢疾杆菌和伤寒杆菌均有明显的抗菌作用，对金黄色葡萄球菌有强力抑制作用，是天然的抗生素，可以治疗咽喉肿痛、痈疖疔疮、黄疸、水肿、痢疾、淋浊等症。

中文学名：马唐
拉丁学名：*Digitaria sanguinalis* (L.) Scop.
别　　名：羊麻、羊粟、马饭、叉子草
科：禾本科　　属：马唐属

31 江南的牧草

马唐也叫马饭，是马料的上佳者，但江南不养马，就称它为绊地根草。

马唐是禾本科马唐属一年生草本植物。它极能生长，是江南最为常见的植物，也是牛羊最爱吃的牧草。每年春天发芽、夏季繁茂、秋天结籽、冬季枯黄，随着季节的变换而不断改变自己的容颜，在年轮的交替中轮回着生命。绊地根草总是紧跟着春雨的脚步走进春天，它从不挑剔，扎根于广大的土地上，即便是贫瘠的路边或者是石缝的间隙，同样能够扎根生长，从星星点点的绿芽尖尖开始成长，在根部伸出几根茎并变成分枝，在地上匍匐爬行，又在茎节处长出须根扎进土里。春天的一棵小草，经历过夏季的磨砺后长成一大丛草。正是这种生长习性，村里人都管它叫绊地根草，植物学家则把它命名为马唐。称其为马唐实在是太过文气，一点也不像它的德性，有点让人难以理解。绊地根是农村里最多的一种草，若问哪一种草叫马唐，大多人一脸茫然，若是问哪一种草叫绊地根，信手一指就能看到，而我却在很长时间里不知道这种常见的草叫马唐。

绊地根草有一个别名叫叉子草，这不失为形象，就如狗尾巴草一样，因长有狗尾巴一样的花序，才有了别样的名称。绊地根草的花序有 3—10 枚不等的分叉，举在空中就如举着一把叉子。它与狗尾巴草犹如一对难分难舍的兄弟，两者喜欢结伴出场，在春天初长之时十分形似，都长着披针形的细长叶子，让人难以分辨，但长着长着绊地根草就原形毕露了。狗尾巴草虽然也在根部分枝，但更喜欢挺着身子生长，它需要为以后的狗尾巴作准备，只有高擎在空中才能作出随风摇曳的姿态。绊地根草则要低调的多，它在乎的是占据领地，平时总是放下身段爬行在地上汲取养料，直到从最初的一个芽尖长成一大片草丛。只有等到夏天抽穗之时，这才抬头举目，在狗尾巴的下方多出许多发报机的天线。

绊地根是我最熟悉的一种草，也是农村野生的优质牧草。江南农村有养羊、养兔的传统，绊地根草是这些草食动物最喜欢吃，也是营养最好的牧草，割草的人优先寻找的就是这种草。好在这草到处都长，在桑园地里有，在河滩边、路边都有，在秋天还要把大量的绊地根草割下来晒干，作为牛羊越冬的草料。

童年是生活在集体生产的时代，生产队养了耕牛，农忙季节成人们忙于收稻种田，小孩们也要干一些力所能及的活，割草就是其中的一种，根据自己的能力大小申报每天上交多少草料，每10斤草为一个工分。割草没有作息时间的限制，很自由，只要完成申报的任务就可以。夏天天气炎热，早上起个早割草相对凉快。割草首选的地方就是桑园地，虽然上空桑叶很茂密，但地上的草望过去一目了然。桑园地里最多的就是绊地根草，有时运气好，一个上午就能割两篰草，到了10点钟左右，正是日上三竿，天气炽热，这时就把草篰往河边一放，跳到河中游泳捉虾。在河滩边的草丛中和芦苇根中常常隐藏着许多河虾，大人们正忙于做农活，没时间去关心这些河虾，只有割草的少年才能忙里偷闲，有自由时间去收获这些河鲜，一边捉虾一边嬉水，一会工夫就收获许多。把所割的草送到牛场上交，回到家里刚好是做中饭的时间，烧饭煮虾。

绊地根草极会生长，在庄稼地里抢占空间，农夫经常要扛着锄头为庄稼除草，但许多时候也是相互包容，锄下来的草可以用作喂牛羊的草料。绊地根作为优质牧草名不虚传，除了牛羊爱吃，河里的草鱼同样爱吃，在河里扔一堆绊地根草，时常会引来许多草鱼。正是这种优点，在水乡的农村，人们经常用绊地根草的嫩头系在麦弓上钓草鱼，傍晚时放下去，到第二天早上收获，时常钓到大草鱼。

马唐属植物有许多不同的品种，在我国就有20多种。有时我们会看到一种与绊地根长得类似的草，但更加粗壮，长出的花穗也更长，这便是长花马唐。狗芽根的模样与马唐也很相像，但它是狗牙根属，而且体型小得多，村里人称之为铁丝绊地根，因为这种草的茎枝又细又硬，犹如铁丝。但两者具有明显的区别,绊地根草是一年生的草本植物，依靠种子繁殖；狗芽根是多年生宿根草本植物，到了冬天虽然枯黄了，到了下一年却是春风吹又生。还有一种称作止血马唐，形态与绊地根草无多大差别，分布地区以东北和西部为主，除了可以作为牧草，还具有凉血止血的功效，可以用于治疗血热妄行引起的出血症。

中文学名：麦冬

拉丁学名：Ophiopogon japonicus (L. f.) Ker-Gawl.

别　称：麦门冬、沿阶草、书带草

科：百合科　属：沿阶草属

32 凌冬不凋

有一味中药名气很大，因其根似麦而有须，叶如韭而凌冬不凋，得名麦冬。在园林植物中有一种草，叶带状，经常沿着石阶而种，得名沿阶草。其实它们是同一种植物，前者用其根，后者观其叶，是百合科沿阶草属多年生常绿草本植物。在根的中部或者近末端长有椭圆形或纺锤形的小块根，这就是用来做药的麦冬。除了长茎麦冬，大多茎很短，叶从基部长出，丛生、禾叶状，5—8月开花，开白花或紫花，8—9月结果，果子起初是绿色，成熟后变成黑色。

麦冬作为中药由来已久，早在《神农本草经》就有记述，并把它列为“上品”，称其可以“久服轻身，不老不饥”。轻身指的是没有病，身体轻松，工作不觉得累，在古人心目中这是一种仙草。因经常患咽喉炎，有人专门向我推荐了喉仙草，并挖了一丛送给我。种在花盆中，与兰花放在一起，下半年开了花结了果，看上去与麦冬十分相似，只是其叶比路边的麦冬更长更阔。到了第二年，边上的兰花也长出了新枝，这是要开花的征兆，可是新枝与喉仙草越长越像，真是奇怪的现象，经仔细辨认还真是隔壁邻居下的种。

所谓喉仙草，其肉质的根块长得更肥大，这分明是优质的浙麦冬，平时也看到许多家庭作为盆栽种植。中药麦冬通常分为浙麦冬和川麦冬两类。浙麦冬在浙江余姚、萧山一带种植，这是中药“浙八味”之一，表面土黄色或黄白色，气微香，味微甘、涩，嚼之微有粘性。川麦冬主产于四川绵阳地区，表面类白色，香气较小，味较淡，粘性也小。古人把麦冬列为养阴润肺的上品，具有生津解渴、润肺止咳的效果，能治咽喉炎一点不假，称其为“喉仙草”，多半是受古人的影响。

用于园林种植的沿阶草品种相当丰富，常见的有细叶麦冬、阔叶麦冬、金边麦冬、矮麦冬，还有相当少见的黑麦冬。它们都会在地下长根块，都具有相同的药用价值，正因如此，被通称为麦冬。细叶麦冬也叫书带草，经常种在园林的石块旁和行道树下，弯曲下垂的草叶像一头青发。书带草这个名称很文气，相传东汉大儒郑玄（字康成）在山东高密长学山授徒，山下多此草，门人常取以束书，当地人称之为“康成书带”。书带草也很有诗意，李白有句：“书带留青草，琴堂幂素尘”，苏轼亦咏道：“庭下已生书带草，使君疑是郑康成”。园林专家陈从周先生把自己的散文集以《书带集》为名，书中有诗：“柳垂岛上馆前兰，春去夏来镇日闲。得借阶边盈尺地，花开数茎自嫣然。”古人喜欢植于园林、种于庭院，大概就是喜欢它的书卷气。阔叶麦冬是最常见的，经常种在路边用以覆盖裸土。它四季常青，喜阴耐旱，好看又好种，花序紫色，冬天结黑色的果子 。金边麦冬与之极相像，最大的区别就是叶有金边。矮麦冬在野外经常能见到，好像总是长不大，不太引人注意，人们称之为野麦冬，其实是对它的忽略。不过它还有一个名称叫玉龙草，说明在许多人的心目中还是相当有地位的，日式庭院就喜欢用它做地被。黑麦冬真是很少见，至今只在海宁的涓湖边见过一面。叶子几乎全黑，新发的叶子少许有些绿，很快就变成全黑了，初见以为它枯死了，仔细一看活得好好的。在绮园中还见到一种与麦冬极为相似的草，起初以为也是麦冬，后来才知是吉祥草。叶的颜色更浅，开红白色的花，结的果子也是红色的，这是吉祥草属的植物。

麦冬是讨人喜欢的植物，它不矫情，也不做作。把它当成药，可以提高免疫力，抗心肌缺血，还可以降血糖，现代人太需要它了。把它当成草，默默地长在路边，不需要更多的照顾，却把绿色长留四季。

中文学名：牛膝
拉丁学名：Achyranthes bidentata Blume
别　　名：怀牛膝、牛髁膝、山苋菜、牛磕膝
科：苋科　　属：牛膝属

33 长着牛膝的草

牛膝，从字面上看就是牛的膝盖，这里说的是一种名叫“牛膝”的植物。这多少让人有点意外，但国人对植物的命名就是这样，只要能找出相像之处，动物的名称也可用在植物上。类似的还有羊蹄，因其根如羊蹄便把这种蓼科植物直接用了这个名称。再如杜鹃，既是一种植物，也是一种鸟。被称作牛膝的植物就是因为其茎节处膨大如牛之膝盖的缘故，别名也称牛磕膝。

牛膝是苋科牛膝属多年生草本植物，高达70—120厘米，茎有棱角或四方形，绿色或带紫色，茎上有白色贴生或开

展柔毛，或近无毛，在叶腋中常长出分枝，叶片对生，呈椭圆形或披针形，顶端尖锐，两面有贴生或开展柔毛，花序穗状，花向下方反折。牛膝这种植物，在江南随处可见，不管是乡村还是城镇，在老宅的墙边经常能看到它的身影，与苋菜还真有几分相似，但其茎长不到苋菜那么粗，所开的花形态也完全不同。

在农村，对墙边或路边的草经常熟视无睹，任由生长，牛膝生长在这种地方倒是十分安全。它是一种多年宿根生的植物，根系发达，想要将它连根拔起很费力气，大多数人也懒得做这种事情，即使沿着地面将其铲除，不出几日就会长出新枝，久而久之也就放任自流了。

经常见到牛膝这种草，但在很长时间里既不知其名，也不知有何用途。在大多数人眼里这不过是一种杂草，而且令人讨厌。每到秋冬时节，种子成熟，行人从它身边走过，一不小心就沾上其种子，对于具有这种本性的草，在农村习惯称之为“臭花娘”，当然能称作“臭花娘”的草不止牛膝这一种。直到学习中药学时,老师带着学生学识本草，才真正认识这种常见之草名牛膝。老师讲述牛膝之名的由来及功效，说其因茎节处膨大如牛膝盖而得名，既有膝名，具有活血通经的功效，能够治疗膝痛等病证。听上去完全是牵强附会，让人难以置信，但符合中国传统文化的思维。中国古代有众多神话传说，正因为是传说，不一定会有事实的出处，但蕴涵了历史的智慧和美好的愿望。中医世界中的独特语言，听起来有如神话，但出于实践积累，只是表达的方式非常神奇，让枯燥的中药学变成了有趣的故事。

据《神农本草经》记载，牛膝主寒湿痿痹，四肢拘挛，膝痛不可屈伸，逐血气，伤热火烂，堕胎。久服轻身耐老。它的用途广泛，被列为上品。但入药的牛膝非江南所产，正如李时珍所说：到处都有牛膝，称作土牛膝，作用差，不能服用。只有北方和巴蜀地方栽种的为好。其实指的是怀牛膝和川牛膝。

怀牛膝也叫涂牛膝、野牛膝等，主要生长于河南焦作一带，因产于历史上的怀庆府而得名。其特点为条子粗壮、明亮，色泽鲜艳，油性多，常取其根茎做药用。李时珍曰：“《本经》又名百倍，隐语也。言其滋补之功，如牛之多力也。”怀牛膝是中药方剂中常用的通络活血药物之一，临床医生喜欢用来治疗各种类型的关节炎、老年性骨质增生，也用于治疗心脑血管疾病，如冠心病、脑血栓、脑动脉硬化等，还可以治疗妇科病，如月经病、带下病、胎前产后疾病等。川牛膝苦重于甘，攻破之力较胜，活血通经、祛瘀止痛，治瘀血实证多用川牛膝，具有逐瘀通经、通利关节、利尿通淋的功效，常用于经闭症瘕、胞衣不下、跌扑损伤、风湿痹痛、足痿筋挛、尿血血淋等证。

中文学名：婆婆纳
拉丁学名：Veronica didyma Tenore
别　　名：卵子草、狗卵草、双珠草、双铜锤、双肾草、石补钉
科：玄参科　　属：婆婆纳属

34 婆婆纳

婆婆纳，一个具有乡愁的名称，让人记忆婆婆的慈祥，回味乡土的气息。

婆婆纳只是一种小草，又名双珠草，茎自基部分枝成对生长，初春之时就长出了稚嫩的枝头，匍匐在地面，为大地带来最早的春意。它生命力旺盛，没有特殊的要求，默默地扮演着春天的使者。随着天气转暖，它开出一片蓝色的小花，洒落在绿茵中，犹如夜空中的星辰，似乎很遥远，却是星光灿烂。虽然花很小，但它开得早，能够感知春天最早的气息，紧跟着春天的步伐，做勇敢的报春者。婆婆纳的种子很有意思，躲在叶腋中，长得很小，不容易引人注意，形状很特别，就像肾脏，不同地方的人便给它取了很形象的名称，如双肾草、卵子草、狗卵草等等。

第一次记载婆婆纳的是《救荒本草》：“婆婆纳，生田野中。苗塌地生。叶最小，如小面花黡儿状，类初生菊花芽，叶又团边。微花，如云头样。味甜。救饥：采苗叶煠熟，水浸淘净，油盐调食。”王磐也在《野菜谱》中写到：“破破衲，不堪补。寒且饥，聊作脯；饱暖时，不忘汝。”破破衲其实就是婆婆纳，字不同，但音相似，这是一个十分有趣的现象。

与婆婆纳长得相近的，还有一种阿拉伯婆婆纳，在“婆婆纳”前面多了阿拉伯这个地域的名称。两种婆婆纳形态非常相似，非专业人士实在难以区分。我曾在野外不停地寻找这两种植物，目的就是试图找到简单明了的区分办法，但最终还是一无所获。如果一定要加以区分，只有这样的说法：阿拉伯婆婆纳的花梗明显长于苞片（或称苞叶），蒴果表面明显具网脉，凹口大于90度角，裂片顶端钝而不浑圆。这个办法实践起来难度非常之大。还有一种区别是染色体倍数不同，这是实验室里做的事情。事实上这两种婆婆纳都是外来物种，原产于西亚、欧洲一带。婆婆纳出现在《救荒本草》一书中，确实让人感到突然。中国以使用草药出名，自古至今有许多记述草药的典籍，但在《救荒本草》之前却没有一点点婆婆纳的痕迹，这只能说明这种草不是中国的土著，是从外面移居过来的。这种现象并非是婆婆纳独有。汉朝之前从来没有出现过芝麻，芝麻也称胡麻，是外来物种。

明朝之前没有出现过红薯，红薯也称番薯，同样是外来物种。

在《救荒本草》中，把婆婆纳记录为救饥的食物，但从来没有看到过有人真的食用。之后的人倒是很关心它是否具有药用价值，据多个《本草》记述，婆婆纳具有补肾强腰、解毒消肿的作用，可以治疗肾虚腰痛、疝气、睾丸肿痛、妇女白带等。

中文学名：蒲公英

拉丁学名：Taraxacum mongolicum Hand.-Mazz.

别　　称：金簪草、黄花地丁、婆婆丁、华花郎

科：菊科　　属：蒲公英属

35 飞翔的蒲公英

蒲公英的知名度非常高，几乎妇孺皆知。春天的时候准时来到江南，在墙边、在路旁，落落大方、默默地生长，细长的叶片长有锯齿，既不显眼，也不矫揉，直到开出明亮的黄花，才发现是多么的与众不同。每支花茎高举着一朵花，花色金黄，原来是如此亮丽、如此英气。

蒲公英是很会讨人喜欢的，成群结队地长在山坡上，用花开装扮最美的春天，用线条和色块绘出风景，远方的山、近处的花，天空的云、地上的草，这是令人想要扑上去的旷野，也是让人身临其境的油画。

蒲公英也有害羞的时候，花谢后总是害羞地垂下头，褪去了华丽的色彩，似乎有点失意，但它并没有丧气，在人们将要遗忘的时候，有了意外的举动，再一次昂首挺胸，再一次给人惊喜，举起一蓬“棉花糖”，像是气泡，却是花絮，这是成熟了的种子，已经撑开了滑翔伞，准备飞翔、迁移他乡。童年时最喜欢蒲公英毛绒绒的种子，轻轻地摘下来，放到嘴边使劲一吹，一团白絮立刻散开，拖着绒毛的种子随风飘舞起来，伸出小手想抓回来，它早已投奔自由世界。

蒲公英是菊科植物，又名金簪草、黄花地丁，其花如金簪头，独脚如丁。王磐在《野菜谱》中称之为白鼓钉：“白鼓钉，白鼓钉，丰年赛社鼓不停，凶年罢社鼓绝声。鼓绝声，社公恼；白鼓钉，化为草。”并说：“一名蒲公英，四时皆有，唯极寒天，小而可用，采之熟食。”蒲公英长得很早，天气尚未转暖之时已来到大地，这时虽然还没长大，采下来做菜吃却是刚好，只要不把根挖出，过一段时间还会重新长出。蒲公英是一种很好的保健食品，富含多种维生素，含有蒲公英醇、蒲公英素、胆碱、有机酸、菊糖等多种营养成分。其吃法多种多样，可以生吃、炒食、做汤，还可焯水后凉拌。许多人喜欢在春天挖野菜，顺便也挖蒲公英，这是大自然赠给人类的礼物。

蒲公英作为中药历史悠久，《唐本草》上说：“主妇人乳痈肿。”《本草纲目》载：“甘、平、无毒。主治乳痈红肿、疳疮疔毒。”字不多，但非常重要，在学习中药学时，老师专门强调了蒲公英的这种特别用处，它是治疗乳房炎的特效药，这是一种神奇的本草。据现代药理研究，蒲公英有疏通乳脉管之阻塞、促进泌乳的作用，蒲公英中提取的多糖还具有抗肿瘤作用。蒲公英，一个听起来女性化的名字，事实上还真是女性的良友。

中文学名：荠

拉丁学名：Capsella bursa-pastoris (Linn.) Medic.

别　　称：荠菜、菱角菜、野菜

科：十字花科　属：荠属

36 惟荠天所赐

南宋诗人陆游写过多首“食荠”之诗，在《食荠十韵》中云：“惟荠天所赐，青青被陵冈。珍美屏盐酪，耿介凌雪霜。”称赞荠菜为上天所赐的珍品。

说到野菜，首先想到的就是荠菜，许多人就是把野菜等同于荠菜。明代人王磐专门写了一部《野菜谱》，共写了60多种可以充饥的野菜，其中包括荠菜：“江荠青青江水绿，江边挑菜女儿哭。爷娘新死兄趁熟，止存我与妹看屋。”他把大部分的野菜看作救饥菜，在灾荒之年食不裹腹，只能用野菜充饥。在文人眼里却不然，荠菜是美味珍馔。早在魏晋南北朝时，便有多种《荠赋》，其中一首说："终风扫于暮节，霜露交于杪秋。有萋萋之绿荠，方滋繁于中丘。"宋代的苏东坡则有《与徐十二一首》："今日食荠极美……虽不甘于五味，而有味外之美……其法，取荠一二升许，净择，入淘了米三合，冷水三升，生姜不去皮，捶两指大，同入釜中，浇生油一砚壳多于羹面上……不得入盐、醋。君若知此味，则陆海八珍，皆可鄙厌也。"陆游在《食荠》中说："日日思归饱蕨薇，春来荠美忽忘归。传夸真欲嫌荼苦，自笑何时得瓠肥。"清代的郑板桥说："三春荠菜饶有味，九熟樱桃最有名。清兴不辜诸酒伴，令人忘却异乡情。"当代文人周作人、汪曾祺又前后接力，为荠菜大唱赞歌。

荠菜是十字花科荠属一年生或二年生草本植物，高可达 50 厘米，茎直立，基叶丛生呈莲座状，叶柄长 5—40 毫米，茎生叶窄披针形或披针形，总状花序顶生及腋生，萼片长圆形，花瓣白色。一般认为花果期为 4—6 月，实际并非如此。荠菜在初冬时就已粉墨登场，它喜欢冷凉湿润的气候，在 20—25 摄氏度时适宜发芽，在 12—20 摄氏度时生长最旺盛，在春节前早已满地遍野，不知不觉中拔秆抽薹。好在它是轮翻登场，落下去的籽再度发芽生长，到了五六月份，那是最后一次开花结籽，之后就枯死遁迹了。

许多人都有过挑野菜的经历，喜欢挑荠菜包饺子，挑马兰头炒菜或凉拌，但现代人大多远离土地，既不了解荠菜的习性，也不认识荠菜的模样。常见的荠菜有两种。一种是板叶荠菜，又叫大叶荠菜，粗叶头，叶肥大而厚，叶缘羽状缺刻浅，浅绿色，抗旱耐热，易抽薹，品质优良，风味鲜美。另一种是散叶荠菜，又叫细叶荠菜、碎叶头、百脚荠菜，叶片小而薄，叶缘羽状缺刻深，绿色，抗寒力中等，耐热力强，抽薹晚，香气较浓，味极鲜美。两种荠菜的次第登场，让喜欢野菜的人错过了冬季，还有春季的机会，但真的到了春暖花开之时，田间地头的荠菜早已扬花结籽，只剩下“三月三，荠菜花煮鸡蛋”了。

江南许多地方的人认为，农历三月三是荠菜的生日，这时食用荠菜，可以驱邪明目，吉祥健身，由此，三月三吃荠菜花煮鸡蛋也成为一种习俗而流传。

民间有“三月三，荠菜赛灵丹”“春食荠菜赛仙丹”的说法，说的是荠菜具有很高的营养价值。传统中医认为荠菜味甘、性凉，入肝、脾、肺经，有清热止血、清肝明目、利尿消肿之功效，吃荠菜花煮鸡蛋能凉血止血、补虚健脾、清热利水。荠菜也是寻常百姓餐桌上的野味，虽不及山珍，却容易得到，只要是在当令时节，拎着篮子去乡野村外仔细寻觅，总有不少收获。荠菜的食用方法很多，大部分人喜欢用它包饺子、做包圆，其实炒食或做成汤，味甘芳香，绝对算得上乡野中的佳肴。

中文学名：牵牛

拉丁学名：Pharbitis nil (Linn.)Choisy

别　称：朝颜、牵牛花、喇叭花、勤娘子

科：旋花科　属：牵牛属

37 属牛的植物

在农村把牵牛花称作喇叭花。不管是哪一种牵牛花，或者是哪一种颜色的牵牛花，花的形状都像喇叭。

牵牛花是我最早认识的。在农村到处都有篱笆，许多家庭就在篱笆边上种牵牛。这种花好养，也喜庆，绿色的草藤爬在篱笆上就是一道风景。等到夏日来临，不同颜色的小喇叭花开满篱笆，更是一道亮丽的风景。没有人教我这花叫什么名称，但我从第一眼看到它就知道叫喇叭花，这完全归功于它自身的长相。有时候逗小孩，点着牵牛花的图片，问这花叫什么，小孩同样说是喇叭花，而图片的下面明明写着“牵牛花”这三个字，看来称其为喇叭花更名符其实，也深入人心。

现在能看到的喇叭花似乎越来越多，除了人工种植的，在路边和旱地中，也经常看到大小不一、花色各异的喇叭花，这让人产生许多疑问，为什么牵牛的长相会不一样，所开的花花色也不尽相同，但花的形状却都似喇叭？原来它们都是旋花科牵牛属的成员，共有60多种。人工种植的有3种。一种是裂叶牵牛，叶具深三裂，花中型，1—3朵腋生，有莹蓝、玫红或白色。还有一种是圆叶牵牛，叶阔心脏形，全缘，花型小，有白、玫红、莹蓝等色。第三种是大花牵牛，叶大柄长，具三裂，中央裂片较大，叶易长具不规则的黄白斑块，花1—3朵腋生，总梗短于叶柄，花大型，花径可达10厘米或更大，原产亚洲和非洲热带。除此，在野外又能看到多种不同形态的牵牛，而这种不同主要是叶子的形状各异，有的叶片戟形，有的三角状戟形，还有的三角状卵形，并先端急尖。

牵牛花有个俗名叫“勤娘子”，说的是这花很勤劳，每当公鸡啼过头遍，就在藤枝上开出一朵朵喇叭似的花，又有了“朝颜”的别称。但这花开得早，败得也早，到了傍晚就谢了，相对的还有“夕颜”，就是瓠花或葫芦花，黄昏开花凌晨凋谢。

明明是喇叭花，却称其为牵牛花，中国的文化非常有意思。当读到牵牛花的传说时，才明白中国的传说文化是如此的丰富，而且非常重要。传说一对孪生姐妹在伏牛山刨土、耕地时，捡到了一个银喇叭，而此时走来一个白须白发的老翁，告诉她们：这个银喇叭就是伏牛山的钥匙，今天夜里听到山里“哗啦啦”响时，有一处会发出金光，那就是山眼，只要把银喇叭插进去，再念三遍口诀“伏牛山，哗啦啦，开山要我这银喇叭”，山眼就会变大，可以进去抱出一头金牛。但这银喇叭不能吹，否则山里的一百头金牛会活过来，冲出山口。当天晚上五更的时候，山里面果然响起了“哗啦啦”的声音，在山北坡放出一道耀眼的金光。姐妹俩跑到发光的地方，妹妹把银喇叭插进了山眼，姐姐忙念了三遍口诀，山眼真的变大了。为了把金牛全变成活牛分给乡亲们，姐姐一进去就吹起了银喇叭，顿时里面的金牛都变成了大活牛，并顺着山眼往外冲。当最后一头牛刚刚伸出头时，东方已经微微泛红，这时的银喇叭已失去效力，山眼慢慢又变小了，姐妹俩再怎么推牛也丝毫不动。乡亲们发现这一情形，在牛鼻子上套了绳子，使劲一拉，牛被拉疼了，终于四蹄一蹬出来了，但山眼马上就合拢了，姐妹俩被关在了山里。这时太阳出来了，山眼里的那只银喇叭变成了一朵喇叭花。为了纪念姐妹二人，人们就给喇叭花取名为牵牛花。

一段传说，终于把喇叭花变成了牵牛花。牵牛花所结的籽在中药里称作“二丑”，这么漂亮的花结出来的籽居然是丑的，这让我百思不解。在《本草纲目》看到对牵牛籽的记述：“近人隐其名为黑丑，白者为白丑，盖以丑属牛也。”原来这个“丑”是指十二生肖中的“丑牛”，牵牛籽有黑、白两种颜色，合起来就变成了“二丑”。绕了一圈，通过另一种方式，与“牛”联系在了一起。牵牛籽作为中药，具有泻水通便、消痰涤饮、杀虫攻积的功能，可用于治疗水肿胀满、二便不通、痰饮积聚、气逆喘咳、虫积腹痛等。

中文学名：茜草

拉丁学名：Rubia cordifolia L.

别　　名：血见愁、地血、风车草、八仙草、破血草、红内消、红根草

科：茜草科　　属：茜草属

38 不一样的红色

茜草是一种很特别的草，也是很出名的草。

茜草长得特别，茎方形，有逆刺，叶轮生，数寸一节，每节 4 叶，也有长 5 叶的品种。“茜”是红色的意思。茜草的茎叶是绿色的，只有根是红色的，可以做红色的染料，这就是它出名的原因。

尽管茜草这么有名，却无缘见到芳容，直到去丰义村爬山，在山脚下见到这种特别的草，之前从来没有见过轮生 4 枚叶子的草，而且每一节又相隔较远。在农村长大，对山下的草自然相当熟悉，只是在平原上从来没见过茜草，

在别的地方也没有见过这种模样的草，但事情往往很巧，相隔一个月后去莫干山游玩，在竹林中发现有许多茜草，原来是自己见少识寡了。

茜草长得特别，而我特别好奇，过一段时间就去观察一下生长的情况。终于等到它花开之时，聚伞花序生在顶部或者从叶腋中长出，10 余朵小白花聚在一起，并不招摇，花瓣 5 裂，看起来就像白色的五角星。

茜草作为一味中药,在《本草纲目》上有详细记载 :(根) 气味苦、寒、无毒，主治吐血、妇女经闭、蛊毒、脱肛等。难怪它有一个别名叫血见愁。而据现代研究，茜草根所含的环己肽类化合物具有抗癌作用。许多小草就是这样，不只是大地上的一个物种，而且是大地给人类的馈赠，它默默地长于荒野，等待人类去认知和发现。

茜色就是茜草根所染的红色，这是人类最早使用的红色染料之一。但茜色不是红花那样鲜艳的真红，是比较暗的土红，它有一个专门的名称叫作“土耳其红”。看到这个名称会猜想是否与丝绸之路有关，经查考还真是有关。茜草作为人类最早使用的红色染料，在历史上大量用于丝绸等织物的染色。《诗经》中有“茹藘在阪”“缟衣茹藘”的诗句,“茹藘”指的就是茜草。在战国以前,茜草是野生植物，需要在山坡上采摘。西汉以后，开始大量人工种植，这肯定与当时的染织业发展有关。司马迁在《史记》里说，新兴大地主如果种植“千亩卮茜”，其财富可与“千户侯等”，这说明在当时茜草的使用十分盛行。长沙马王堆一号汉墓出土的“深红绢”和“长寿绣袍”的底色为红色，经化验证明就是用茜素和媒染剂明矾多次浸染而成。

茜草所染的就是茜色，基色是红色，但包括多种颜色，由于织物的材质不同，使用的媒染剂及水质、温度不同，会产生不同的红色，有偏黄、偏紫、深红、砖红等丰富的色彩。这是茜草作为染料的魅力所在，难怪流传如此广泛而久远。

中文学名：窃衣

拉丁学名：Torilis scabra (Thunb.) DC.

别　　名：臭花娘、粘粘草、水防风、破子草、鹤虱

科：伞形科　属：窃衣属

39 沾人衣裤的臭花娘

窃衣不是偷衣。

鲁迅笔下的人物孔乙己有一段话："窃书不能算偷……窃书！……读书人的事，能算偷么？"这里的"窃衣"当然不是偷衣，虽然两个词的字面意思相同，但这里的"窃衣"是一种植物的名称，与偷衣没有半点关系。一种植物取"窃衣"这样的名称确实令人费解，乡下平时也不叫这样的名称，而是称其为"臭花娘"，原因是这种草所结的种子有刺，到了 5 月底草枝枯败时，人在边上走过极易沾在衣裤上。窃衣让自己的种子粘在行人的衣裤上，似乎有点顺手牵羊的

嫌疑，但毕竟没有将人类的衣裤占为自有，充其量只是搭便车而已。当然它还有另外的一个名称，其花似鹤，果实似虱子，于是湖南人就称其为鹤虱。

“臭花娘”在江南还有另外的含义，一个男人被女人沾上甩不掉了，别人就取笑他沾上臭花娘了。这是一种地方俚语。把窃衣称作臭花娘，其中的奥妙值得玩味。作为植物的臭花娘，是伞形科的植物。伞形科是伞形目下的一科，通常为茎部中空的芳香植物，都是一年或多年生的草本植物，常见的有芹菜、香菜、胡萝卜等等。伞形科植物的最大特征是伞形花序，也就是说花序有数条至数十条伞辐。胡萝卜的花序就像倒过来的伞，窃衣的花比较松散，但同样具有伞辐。窃衣在未开花之时，植株与胡萝卜十分相似，人们也称其为野胡萝卜，但它的根茎很小，而且花序与胡萝卜差异很大。

窃衣是一年生或多年生草本植物，高 10—70 厘米。全株有贴生短硬毛。茎单生，有分枝，有细直纹和刺毛。叶与胡萝卜相似。复伞形花序顶生和腋生，伞辐 2—4。果实长圆形，长 4—7 毫米，宽 2—3 毫米，有内弯或呈钩状的皮刺，很像是微型版的苍耳。窃衣的果实成熟后容易脱落，又因为这些小钩刺，窃衣很容易沾在人类的衣裤或动物的皮毛上，借助人和动物的活动把自己传播到不同的地方。其实窃衣是随遇而安的植物，在墙边、荒地都能生长。上班的院子里就长了好几株，幼苗时期看上去十分的文静，让人对它毫无防备之心，等到开花之时却发现是很霸道的，分枝不断向四周拓展，虽然只有几株，却是占领了一大片地，真是有点过分，几次都想铲除它，但每次走到它身边总能闻到一股神秘的香气，让人对它充满好奇，放任了它的疯长，或许不小心还会被它沾上衣裤，成为它的传播工具。看来植物也具有生存策略，懂得伪装自己，欺骗人类。

窃衣分布很广，具有活血消肿和收敛杀虫的功效，但凡能杀虫的草都具有一定的毒性，现在已经很少使用。

中文学名：香附
拉丁学名：*Cyperus rotundus* L.
别　　称：三棱草、香头草、香附草、香附子
科：莎草科　　属：莎草属

40 以气用事

童年时就认识三棱草。经历过一个割草的年代，经常接触田边地头各种各样的草，熟悉它们的模样，知道它们喜欢生长在什么地方，但对大多数草叫不出名称。三棱草是例外，它长有三棱形的茎秆，看见一次就认识模样，听说一次就记得名称。

三棱草的生长地很普遍，在农村的河岸边和路旁随处可见，即便是城市中，道路边的草皮中也时常有它的身影，当长出茎秆时，装成亭亭玉立的样子，夺人眼球。三棱草最喜欢与狗芽根草生长在一起。以往农村的土路上到处都

是狗芽根草，这种草席地爬行，根系发达，也不怕行人踩踏。三棱草就偏偏与它为伍，在地下，两种草盘根错节、纠缠不清；在地面上，三棱草未起秆时两者几乎平起平坐，三棱草一旦起秆，就原形毕露，大概是狗芽根草无法与之争比高度，它才有机会抢得风头，显示自己高出一头。

三棱草的叶子细长而单薄，茎秆呈三棱形是它的标志，而且不分节，质坚硬，虽然看上去葱绿迷人，但不适合做牧草，人们对它没有兴趣，只有在童年玩乐时，才把它当作道具。三棱草长出茎秆之时，小伙伴们便会用它卜占天气。这是一种童年的游戏，也不知道从哪里流传下来。在路边摘一把三棱草的秆，两个人同时从两头把茎秆轻轻撕开来，因为每个人撕开的方位不同，会形成不同的结果。如果在对称的位置撕开，只能撕成两片，撕成这种形态，认为明天就要下雨了；如果在交叉的位置撕开来，形态也会不同，有时是一个正方形的形态，认为明天是阳光明媚的好天气，有时是一个三角形的形态，认为明天是阴天。正是三棱草的茎秆不长节，成了童年玩卜占天气游戏的一种道具，至于第二天是什么天气，玩过以后却从来没有验证过。

三棱草是莎草科植物中的一种，学名叫作香附。莎草科是个大家庭，全球约有 4000 种，广布于世界各地，仅我国就有 31 属 670 种，但这一类植物大多没有经济价值，只有少量的出名或可供食用。其中纸莎草是最著名的一种，古埃及人将其茎剖成薄片，压平后用作缮写材料。现在常把它栽作水体景观植物，它的茎顶分枝成球状，造型很特殊，具有观赏性，同时还可净化水质，起到防治水污染的作用。荸荠也是莎草科植物，现在广泛种植并食用。

三棱草是少数有药用价值的莎草科植物之一，但它确实隐藏得很深，骗过了许多人的眼睛。平时看到的是三棱草的地面部分，其实在地下还隐藏着秘密。由于它喜欢与狗芽根草生长在一起，平时人们很少去挖它，即使是在草坪上除草，拔出来的草根也只是一部分，草根之下的秘密很难被发现。其实在根的下面还长有根茎，而且离根须很远，很容易被忽略。根茎呈纺锤形，长 2—3.5 厘米，直径 0.5—1 厘米，表面棕褐色或黑褐色，有纵皱纹，并有 6—10 个略隆起的环节，节上有毛须。三棱草所长的根茎有一个专门的名称叫“香附”，这是一味常用的中药，具有疏肝解郁、理气宽中、调经止痛的功效。《本草正义》记载：“香附，辛味甚烈，香气颇浓，皆以气用事，故专治气结为病。”可以用于治疗肝郁气滞、胸胁胀痛、疝气疼痛、乳房胀痛、脾胃气滞、脘腹痞闷、胀满疼痛、月经不调和经闭痛经。中药有一种规律，药名中带“香”字的，大多具有理气活血的作用，所以民间经常用香附治疗胃腹胀痛和调经止痛。

中文学名：商陆
拉丁学名：Phytolacca acinosa Roxb.
别　　称：章柳、山萝卜、见肿消
科：商陆科　　属：商陆属

41 三十除五商陆

古人把商陆称作“陆苋”，认为“苋”从见，高大而易见。商陆长得很高大，与苋菜也有几分相像。

看到商陆这个名称，让人想到的是算术的术语，而不是植物，也就是“三十除五兮”商陆。据传这道算术题出于曹操对华佗的医术之考。曹操念了一首十六句的诗，让华佗答出十六种不同的本草：“胸中荷花兮，西湖秋英。晴空月明兮，初入其境。长生不老兮，永世康宁。老娘获利兮，警惕家人。三十除五兮，函悉母病。芒种降雪兮，军营难混。接骨妙医兮，老实忠诚。黑发未白兮，大鹏凌空。”其中一句是“三十除五兮”，答案正是商陆。这是古人爱玩的一种文字游戏，同时也能帮助人记住各种植物而不易忘记。

商陆是古老的植物，也是我国的本土植物，在《神农本草经》中就有记载，喜欢长在路边、荒郊野地及山坡上。陶弘景说：“商陆，近道处处有，方家不甚干用。”此话的意思是商陆很贱，到处生长，但医用很少，原因是商陆有毒，在《神农本草经》中列为下品。在生活中更多见的是垂序商陆，或者叫美洲商陆，这是一种外来植物，与前者具有重要区别，但大多人不明细理，只有通过细心察辨才有重大发现。本土的商陆我有幸见过，它的花和浆果都是向上挺立的，而且浆果的边缘是轮形的。所谓垂序商陆，最大的特征就是花序和浆果都是下垂的，浆果的边缘也是平整光滑的。

商陆与垂序商陆都长有人参一样的肉质根，很多人把它称作土人参，但事实上从来没有看到有人挖根食用。据《本草纲目》记述，商陆能“逐荡水气，故曰蓫薚。讹为商陆”。商陆根是一味中药，具有逐水、利尿、消肿的功能，却没有人参的补气功能，而且有毒，不能随便食用。

商陆或垂序商陆的果实成熟后变成深紫色，像葡萄一样晶莹剔透，虽然不大，却也可爱。但这种果实不是用来吃的，而是用来玩的。在童年时代看到成熟的商陆浆果，经常摘下来按在额头，甚至把它收集起来装在瓶中作为颜料，在民间商陆也就有了“胭脂草”之称。古人云：胭脂草，女儿心。因为商陆扁圆形的浆果成熟时呈深红紫色或黑色，把果子掐开，会有紫色的汁液流出来，民间常用之当作胭脂涂女孩子的额角，故而得此名。

或许本土商陆太古老，已经是很少看到，现在到处充斥的是美洲商陆。它的茎枝红色，叶片宽大，很是讨人喜欢，人们容忍它长在墙边，甚至种在花盆中观赏，高大的体形，红绿的色彩，成为一道独特的风景。它更喜欢长在野地里和山坡上，因为形体高大，侵占很多领地，只有在人迹鲜至的地方，才能肆无忌惮地生长。在爬山时经常看到山坡上长着成片的美洲商陆，不知情者还以为是人工种植的庄稼，远远望去是绿丛之中一片红云，不失为一道优美的景致。

中文学名：蛇莓
拉丁学名：Duchesnea indica (Andr.) Focke
别　称：蛇泡草、龙吐珠、三爪风
科：蔷薇科　属：蛇莓属

42 蛇莓

蛇莓是我最早认识的植物之一。童年时在祖屋的墙边经常看到一种红色的浆果，红艳欲滴，秀色诱人，但父母告诫我这果子是蛇吃的，叫蛇莓，人不能吃。其实我是很不甘心的，经常观看蛇莓有没有被蛇吃掉。但几天观察下来似乎没有变化，直到某天晚上下了大雨，早晨再去看蛇莓时发现少了许多红果，留下的几颗也已经残破不堪，蛇是否乘着雨夜把蛇莓吃了，至今不得而知。

蛇莓是蔷薇科蛇莓属多年生草本植物，别名蛇泡草、龙吐珠、三爪风等，有发达的匍匐茎，常在茎节处生根，而后又长成新的植株，在较短的时间内蔓延成一大片。其叶为三小叶组成的复叶，小叶片的边缘呈锯齿状，形态就像小一号的草莓，但它的花单生于叶腋，花瓣黄色，与草莓白色的花明显不同。

蛇莓喜欢生长在潮湿的地方，房前屋后是它的栖身之地，低洼的地方经常成片生长。在上班的小院内就长了好多丛，平时少有人关注，自由自在地生长，到了3月份开起了小黄花，这时才引人注意——黄色的花格外明亮，犹如微型的向日葵，早晨迎着太阳开放，傍晚随着日落关闭；花谢以后的花托收拢抱紧，好似严守着一个秘密。其实院子里还有许多杂草，蒲公英、一年蓬、小蓟也在这个时期开花，相互之间形成高低错落的生态。

办公室坐累了，可以走到院子里看看这些小草，在整个春天里，它们用花开的方式表达对大自然的敬意。蒲公英开出更大的黄花，花谢后收拢垂头，几天后再次抬头变成一团“棉花糖”。一年蓬的花有淡红色的，也有白色的，时常整束开放，花期更长。小蓟一律开着淡紫色的小花，花苞像发髻，花瓣丝状，一副羞涩的样子。正是这些色彩纷呈的小花装点了春天的繁华，即便如此，蛇莓仍然觉得意犹未尽，花托包裹着的秘密在不断膨胀，直到冲破包裹露出红珠，点缀在翠绿的枝叶间格外醒目，让人垂涎欲滴。但从来没有人吃这种浆果，也许是名称中有一个“蛇”字，让人以为这种果子与蛇有关，而一看到蛇心里就有一种与生俱来的恐惧。

既然名蛇莓，似乎与蛇有点关系，据《本草纲目》记述：

“蚕老时熟红于地，其中空者为蚕莓；中实极红者，为蛇残莓，人不啖之，恐有蛇残也。”“此物就地引细蔓，节节生根。每枝三叶，叶有齿刻。四五月开小黄花，五出。”也就是说，蛇莓的藤蔓沿着地面生长，每节都是有根，所结的果被蛇咬残过，人不能再吃。其实蛇是不吃蛇莓的，蛇只吃动物而不吃植物，这是一种常识，背负蛇残这个污点显然是人类对其的误解。

生长在江南的蛇莓3月份就开花了，4月下旬就结出了鲜红的浆果。蛇莓无毒，可以食用，只是与鲜红的外表极不相称，其味道淡而无味，远不如其他野草莓那样酸甜可口。成熟的蛇莓外表鲜红，并有乳头状凸起，这是它的种子，用嘴一咬明显感觉到细小而坚硬的小籽，但里面的肉是白色的，味道寡淡，缺少甜味，大概这才是人们不爱食用的真实原因。人与动物都喜食水果，主因是水果本身富含营养，动因是水果甘甜可口。在果园中经常可以看到这种现象，有些树上的水果被鸟啄得千疮百孔，有些树上的水果却完好无损，只要分别摘下来品尝一下就明白其理，鸟爱吃的就是味美的水果，鸟不爱吃的水果人也不爱吃。蛇莓就是这样一种“野草莓”，样子好看，食之无味。

蛇莓无味，但并不等于毫无用处，它具有清热解毒、活血散疚、收敛止血的作用。做中药用的是全草，而不是浆果，可以治疗热病、惊痫、咳嗽、吐血、咽喉肿痛、痢疾、痈肿、疔疮、汤火伤等。用鲜蛇莓草捣烂敷患处可以治蛇虫咬伤，这才是与蛇有关的原因。

中文学名：石菖蒲

拉丁学名：Acorus tatarinowii

别　称：水剑草、香菖蒲、九节菖蒲、山菖蒲、药菖蒲

科：天南星科　属：菖蒲属

43 菖蒲情怀

菖蒲是最有大众情怀的植物之一。

或许是得益于端午习俗的广泛流传，菖蒲作为一种植物，也能荣登家喻户晓的榜单。在每年端午节到来之时，家家户户在门上挂菖蒲和艾草，在人们心目中菖蒲早已成为避邪的神草。明代戏曲家、文学家汤显祖在《午日处州禁竞渡》中写到：“独写菖蒲竹叶杯，莲城芳草踏初回。情知不向瓯江死，舟楫何劳吊屈来。”用现代的话来说就是：汤显祖刚从丽水踏青回来，在家只置备了菖蒲、竹叶和雄黄酒过端午；屈原不是沉溺在瓯江死的，何必要劳民伤财

搞竞渡。在此，汤显祖是以此诗提倡禁止竞渡，并不是对屈原的不尊，而菖蒲作为端午节的重要角色是必须要出场的。

在每年端午节的前一天或当天，城乡各地除了采购过端午节的食品，还要买一把菖蒲和艾草，回家挂在门上避邪，这种风俗流行于全国各地。菖蒲的叶子形状似剑，民间方士称之为“水剑”，说它可“斩千邪”，由此便赋予了它驱邪避害的寓义。江南人家每逢端午时节，悬菖蒲、艾叶于门窗，饮菖蒲酒，以祛避邪疫；在夏、秋之夜，燃菖蒲、艾叶，以驱蚊灭虫。这便是菖蒲与寻常百姓的不解之缘。

菖蒲是品种繁多、生长普遍的水生植物。端午节挂在门上的是水菖蒲，叶子形状似剑，也称蒲剑、大叶菖蒲和土菖蒲，属于天南星科植物，喜欢生于海拔 2600 米以下的水边、沼泽湿地或湖泊浮岛上，在农村的许多地方都有它的身影，只是经常被人熟视无睹，只有到了端午节之际，市场里买菖蒲的人你拥我挤。

菖蒲也是富有文人情怀的植物。

明代文人、农学家王象晋在《群芳谱》中记载：“乃若石菖蒲之为物，不假日色，不资寸土，不计春秋，愈久则愈密，愈瘠则愈细，可以适情，可以养性。书斋左右一有此君，便觉清趣潇洒。”这段文字不但写出了石菖蒲生命力顽强的特性，也道出了石菖蒲自古就为文人喜爱，并常作案头清玩、摆设的情况。文人雅士所喜欢的是石菖蒲，与水菖蒲同属天南星科，但植株比水菖蒲小得多，喜欢生长在山涧浅水石上、溪流旁的岩石缝中，而且品种繁多。宋人王敬美云：菖蒲以九节为宝，以虎须为美，江西种为贵。一句话点评了三个不同品种的菖蒲。明人张瀚在《松窗梦语》中说："菖蒲名荃，亦分数种，虎须为上，金钱次之。又有香苗、台蒲、牛顶，挺秀庭阴，凡十余盂，清香盈盈……然而四时常青，其色不改，是亦草中之松柏，历岁寒而不凋者与？"

石菖蒲原产于我国长江流域以南地区，生命力顽强。根状茎在地下匍匐横走，细长而弯曲，分枝、密生环节，其上还生须根，人称虎须。叶从基部生出，似剑状，细条形，常绿而光亮。肉穗状花序圆柱形，花很小，四五月时开黄绿色的花。

历代文人经常在书斋中陈设"蒲石盆"，利用菖蒲叶上的凝露来润泽双目，由此，也形成了菖蒲文化，留有许多吟咏菖蒲的诗文。如杜甫的"风断青蒲节"，姚思岩的"根蟠龙节瘦，叶耸虎须长"，陆游的"根蟠叶茂看愈好"等诗句，都描绘了石菖蒲盘根错节，叶纤细多节、青绿可爱之态，置案头清供，自然潇洒有情趣。诗人戚龙渊作诗云："一拳石上起根苗，堪与仙家伴寂寥。自恨立身无寸土，受人滴水也难消。"更是写出了石菖蒲扎根于山岩石缝之中的风骨气节。

菖蒲更是历史悠久的中草药。

《本草纲目》记载："石菖蒲一寸九节者良。"这里所指的九节菖是石菖蒲的一种，常用作芳香开窍药，具有化湿开胃，开窍豁痰，醒神益智的功能。现代所用之九节菖蒲为毛茛科多年生草本植物阿尔泰银莲花的根茎，具有一定的毒性，两者不是同一物种。在古代，石菖蒲常被道家视为神仙药,或许这正是人们喜爱它的重要原因。陆游有诗曰：“古涧生菖蒲，根瘦节蹙密。仙人教我服，刀匕斸百疾。阳狂华阴市，颜朱发如漆。岁久功当成，寿与天地毕。”说的是石菖蒲的根茎入药，服之可红颜黑发，延年益寿。诗中的“仙人教服”，出于《神仙传》：汉武帝刘彻在嵩山顶忽然看见眼前一人，身高二丈，耳长垂肩，仙风道骨，气度不凡。于是急忙屈万驾之尊，上前施礼并问道：“仙者是何方人士，怎么会来到这里？”老者回答说：“我是九嶷山中人也。听说中岳山（中岳嵩山）顶的石头上生有一种草叫石菖蒲，此草一寸九节，吃了它可以长生不老，所以特地到这儿来采集它。”说完之后，突然消失。汉武帝刚听完老者的话就突然不见了人，心中顿时大悟，对左右侍臣说：“这个老者并不是自己想采食菖蒲，而是特意来告诉朕的。”《神仙传》中的这段记载当然不能信以为真，但服食石菖蒲确实可以耳聪目明，益智宽胸，去湿解毒。

除了水菖蒲和石菖蒲，还有两种不属于天南星科的植物也常常被称作菖蒲。

一种是唐菖蒲。它是鸢尾科植物，只因它的叶子长得与菖蒲相似,人们也把它称作菖蒲。其原种来自南非好望角，经多次种间杂交而成，栽培品种广布世界各地。它的花茎高出叶上，花冠筒呈膨大的漏斗形，花色有红、黄、紫、白、蓝等单色或复色。唐菖蒲是重要的鲜切花，可作花篮、花束、瓶插等，现在也广泛作为园林水生植物栽培。

另一种是香蒲，是莎草目香蒲科香蒲属的一个品种，是多年生水生或沼生草本植物，根状茎乳白色，地上茎粗壮，向上渐细，叶片条形，叶鞘抱茎，雌雄花序紧密连接，果皮具长形褐色斑点。种子褐色，微弯。这种“菖蒲”的正名叫水烛，俗称香蒲，它的假茎白嫩部分和地下匍匐茎尖端的幼嫩部分（即草芽）可以食用，味道清爽可口，是一种野生蔬菜。花粉可以入药，称“蒲黄”，能消炎、止血、利尿。雌花为“蒲绒”,能用以填充床枕。叶片可作编织材料，历史上将之编成蒲包作为包装袋使用，现代人也喜欢把浸湿的蒲包作为装活螃蟹的工具。

中文学名：碎米荠

拉丁学名：Cardamine hirsuta L.

别　　称：白带草、宝岛碎米荠、见肿消、毛碎米荠、雀儿菜、碎米芥

科：十字花科　属：碎米荠属

44 碎米荠的热情

庭院前的路东头有一小块草坪，是去年下半年刚种下的，约有 4 平方米。时至清明，所种的草还没有返青，碎米荠却抢占了先机，慢条斯理地生长，几乎盖满了整片草坪，开在草顶的小白花，犹如片片雪花，几株石龙芮和羊蹄酸模很不甘心地探出身子，总算争得一席之地。

碎米荠是十字花科碎米荠属的一年生小草本植物，与荠菜有亲戚关系，生长的习性也相近，在冬季发芽，到了春天气温升高就开花结果。它最喜欢长在稻田中，但并不是每块稻田都长碎米荠，即使是不种春粮的白田，许多地

方也不见碎米荠，唯有看麦娘从田岸到田里到处都是。长碎米荠的地方则是另一种情形，往往是团团簇簇、成群结队，等到开花之时，远远望去好像田里落了一层白霜。碎米荠不仅喜欢长在稻田中，路边、林下和空地中都有它的身影，超强的繁殖能力，让它肆无忌惮地生长。它在2月份就开始开花，这是早春的天气，春风冰冷刺骨，但碎米荠一点都不怕，它有自己的生存策略。在农夫等待春耕到来之际，碎米荠已经开始了繁衍；在气温上升到10—25摄氏度之时，快速生长；到了4月份，已经开始结果；果实一旦成熟，便一下子蹦开，热情四溢，积极传播种子，等到农夫们警觉之时，早已完成了下一代的培育任务。春耕季节到来，碎米荠早已集体消失，农夫们忙于耕田了，刚好把碎米荠的种子埋在了土里，以后的几个月里，稻田里总是灌满了水，碎米荠的种子既不发芽也不腐烂，只是耐心地等待另一个季节的到来。等到晚稻收割完毕，在泥土中安睡的碎米荠种子准时苏醒过来，它长出小芽、钻出泥土，不畏严寒、跨越冬天，等到春回大地之时，再一次开起白色的小花。

童年的时候经常在田里割草，花草田中碎米荠特别多，也许它喜欢长在这里，也许是碎米荠的种子潜伏在花草籽之中。在冬天，碎米荠是能够找到的草料之一，那时不知道这种草的学名，村里人都叫它为笑眯眯草，在未开花之前贴着地面生长，一丛一丛卧在地上，看上去像一张张笑脸，非常可爱，这或许是被称作笑眯眯草的原因。许多不识植物的人，在挖野菜时经常把碎米荠当作荠菜，不过两者的味道完全不一样，荠菜味甘，碎米荠味辛辣，这多少让人有点不习惯。但这不影响碎米荠也是一种野菜，它含有蛋白质、脂肪、碳水化合物，多种维生素、矿物质，可以凉拌，也可以做蛋汤等，味道鲜美，有很高的营养价值。王磐在《野菜谱》中记述："碎米荠，如布谷，想为民饥天雨粟。官仓一月一开放，造物生生无尽藏。"或许人们不太喜欢它的辛辣味，但在饥荒之时它也是充饥之物。碎米荠具有清热解毒、祛风除湿的功效，药用可以治疗痢疾、泄泻、腹胀、带下病、乳糜尿和外伤出血等。

碎米荠是传播种子最积极的植物之一，不只在水田中生长，路边地头到处都有它的身影，即便是草坪中也隐藏着它的种子。它的习性与冬眠动物绝然相反，夏季烈日炎炎之时，在地下睡觉，当温度降到10摄氏度左右时，却生长起来。这是植物的秘密，受到温度、日照和气味的影响。

不同的植物总是表现出不同的个性。蒲公英和龙葵都在早上6点开花，芍药在7点钟开始争妍，午时花在中午的时候才展示它的美貌，丝瓜花在下午6点钟才悄悄打开美丽的外衣，夜来香在日落西山以后不声不响地开始吐露芳香，月光花在皎洁的月夜里打开花瓣，菊花一定要等到日照最短之时才开花：正是这种植物的个性差异，让我们欣赏到自然界的千姿百态。

中文学名：铁苋菜
拉丁学名：Acalypha australis L.
别　　名：人苋、血见愁、海蚌含珠、撮斗装珍珠、叶里含珠、野麻草
科：大戟科　　属：铁苋菜属

45 铁苋菜

铁苋菜是一种普通而多见的草本植物，只要愿意走到户外，只要是有泥土的地方，相遇总是难免的。铁苋菜从不挑剔生长之地，在走过的路旁有它的身影，在沟边慢条斯理地生长，即便是在花坛中也会冒失地探出身子。它不怕孤独，也不怕热闹，经常在草丛中高耸着身子，一副孤芳自赏的样子，却也不失苋的风采，有时也会成群结队，用群体的力量标记自己的领地。

铁苋菜是大戟科植物，同科常见的有泽漆和斑地锦等，但相互差异巨大，连名称也缺少关联。称作铁苋菜，似乎

与苋菜有点关系，其实也不然。苋菜是苋科植物，与铁苋菜一点亲戚关系也没有，发生这种牵强附会，原因出在古人的身上，古人喜欢用形象、意象和类推的方式给植物命名，苋菜就是用意象的方式所取的名称。古人认为苋者从见，也就是说这种植物很高大，很容易被人看到，所以在“见”字上加一个草字头作为名称，这是一种经常食用的蔬菜，就名为苋菜。铁苋菜因秆灰黑似铁，形态似苋菜的幼苗，终于傍着苋菜获得这个形象之名。马齿苋又是一种冠以“苋”字的植物，因其叶似马齿、性滑似苋，由此而得名。苋菜是我们再熟悉不过的蔬菜，嫩的茎叶可以炒食或煮食，硬的茎秆则用以制作霉苋菜。铁苋菜只是多了一个字，与苋菜却是大相径庭，虽然个头比许多草长得高，但茎秆细硬，永远长不粗，就像一根铁丝，也无法做成霉苋菜。铁苋菜与马齿苋这两种草其实都可以食用，铁苋菜的嫩头可以做成小炒，具有野菜的风味，马齿苋做成凉拌菜，清脆而味美。

铁苋菜是一种具有个性的植物，最早载于《植物名实图考》，名为“人苋”，“一名铁苋”，吴其濬说：“其花有两片，承一二圆蒂，渐出小茎，结子甚细。江西俗呼海蚌含珠，又曰撮斗撮金珠，皆肖其形。”铁苋菜的花单性，雌雄同株，无花瓣，穗状花序，腋生，花茎生于叶腋中，通常生苞片二枚，如吴其濬所言，其花有两片。苞片基部生雄花序，苞片中间生雌花序，雌花的雌蕊可发育成果实。“海蚌含珠”当指苞片中含有将成熟的果实。苞片一般长 1 厘米左右，肥壮的植株可达 2 厘米，上部三分之二为绿色，下部三分之一为绿白色；基部心形，抱于花茎上，先端渐尖；脉纹约 15 条，淡绿色，微下凹，脉纹间微隆起，显出条形花纹。苞片边缘的圆形锯齿成为波状镶边，在尚未开展时形状、纹理与蚌壳相似。尚未成熟的果实，每苞片内有 1—2 颗，每颗由 3 个心皮组成，向三面凸出，整体呈三角状圆形，如绿色的宝珠。这时，蚌壳状苞片和宝珠状果实就形成了“海蚌含珠”的形状。苞片基部宽，前端狭，用撮斗形容，称为撮斗装金珠也很形象。

铁苋菜分布广泛，茎直立，一目了然，随手可得。这是大自然对人类的馈赠，其嫩苗是上佳的野菜，全草可作良药。它营养丰富，蛋白质含量高，比牛奶更容易被人体吸收，胡萝卜素含量比茄果类高 2 倍以上，可以为人体提供丰富的营养物质，有利于强身健体，提高机体的免疫力，有“长寿菜”之称。作为中药具有清热利湿、凉血解毒和消积的功能，可以治疗痢疾、泄泻、吐血、衄血、尿血、崩漏及小儿疳积、痈疖疮疡、皮肤湿疹等。

中文学名：红根草
拉丁学名：Lysimachia fortunei Maxim.
别　　称：星宿菜、假辣蓼
科：报春花科　　属：珍珠菜属

46 星宿菜

宿，列星也，用天文术语命名一种草并不多见。一宿通常包含一颗或者多颗恒星。星宿菜所开的花很小，但雪白且数量众多，犹如夜空中的星星。

星宿菜是一种多年生的草本植物，特别喜欢长在田埂上，早春时节就开始生长，在宿根上长出多个枝头，叶片光滑，初长之时有点与空心莲子草或马兰相似，但茎是实心的。在割草之时经常见到它，也喜欢这种草，但一直以来对它缺少了解。农村杂草种类繁多，大多应季而生，开花结实之后枯萎，缺少长期观察，很难了解它们的生长和变化过程。

了解星宿菜实属巧合。上班的地方有一个园子，里面生长了多种杂草，这些自然生长的杂草品种丰富、千姿百态，虽然没有人工种植的花草整齐划一，但充分展示了植物的多样性，既是一种自然生态，也是一座百草园。出于观察方便的需要，没有做人工清理，放任它们自由生长。荠菜和蒲公英在冬季就长芽吐叶，一年蓬也不甘居后，大多的草在春风雨露中成长，它们更喜欢做春天的使者。在众多的杂草中偶尔出现了几株星宿菜，有点孤单，也不醒目。在蒲公英、一年蓬、小蓟相继开出亮丽的花色之时，星宿菜也羞羞地长出了花苞，或许是知道自己的花太小，就用一束花来表达对春天的敬意。星宿菜属于报春花科的植物，注定要为春天的到来展示自己的诚意，在黄色的蒲公英花和淡紫红色的小蓟花之间点缀几束小白花，确实让春天更加灿烂。对星宿菜的开花，正是以往没注意到的地方。田埂上的杂草经常被农夫清除，星宿菜等不到开花的一天，好在它还可以用宿根的方式生长，为自己的生命延续留下了机会。见证了它的花开，才真正理解了“星宿菜”这个名称的真正含意。花谢后的星宿菜结出了特别的蒴果，小圆球形的蒴果就像一颗小珠子，难怪有人还叫它珍珠菜。小珠子比一般的菜籽要大，很像香菜的籽。

名称中带菜的植物，大多是可以食用的，最有名的当然要数荠菜，除此还有野苋菜、黄鹌菜、蔊菜等等。但大部分野菜味道并不好，除了用于救饥，现代人已很少食用。

星宿菜就是其中之一，因其味苦，生活中已无人食用，作为中草药在多种药书中有记载，它具有清热解毒、消肿散结的作用，外用可治无名肿毒、痈疮疖肿、稻田皮炎、跌打骨折等。

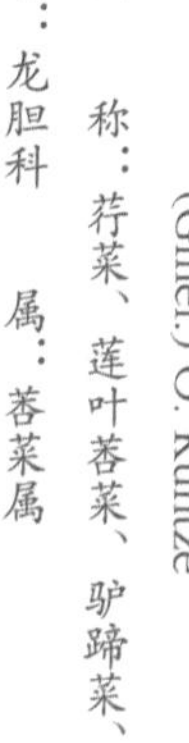

中文学名：莕菜

拉丁学名：Nymphoides peltatum (Gmel.) O. Kuntze

别　　称：荇菜、莲叶莕菜、驴蹄菜、水荷叶

科：龙胆科　　属：莕菜属

47《诗经》里的第一植物

荇菜，《诗经》里的名称，多么久远的一种植物。“参差荇菜，左右采之。窈窕淑女，琴瑟友之。”这是《诗经》中的原话，意思是高矮不齐水荇菜，采荇人左采右采。姑娘身材好苗条，弹琴鼓瑟娶过来。

荇菜是一种水生植物，叶片圆圆，浮在水面生长，喜欢生长在池沼、湖泊及河流之中，在河浜的浅滩处特别多，长长的根茎扎在水下，系着的叶片浮在水面，就像飘在天上的风筝，只不过它是飘在水里，在水波中左右飘荡。

水生的植物是很多的，根据形态不同可分为 3 个类群，挺出水面的是挺水植物，摇曳于水中的是沉水植物，漂浮在水面的是浮水植物。荇菜属于浮水植物，节上生根，又漂浮于水面，不认识它的人以为是大浮萍。名为荇菜，或许是由于它漂浮不定的缘故。与之相似的一种水生植物是水鳖。童年时村里人告诉我这叫“晶晶片”，其实我并不理解这个名称的意思，是不是它的叶片经常浮在水面一闪一闪的原因，又或许是因为它的叶片中间微凹，背面却有微鼓的气泡，把叶片摘下来拿在手里就像微型的钹，钹是一种打击乐器，发出的声音与“晶”的读音很相似。很显然，水鳖的叶片与荇菜是不同的，所开的花也不一样，白色的三叶花瓣，黄色的花蕊。

在村里人看来，荇菜是无用之物，没有人刻意去养殖，它完全是自生自灭的状态。大漂和水葫芦曾经享受过人类的宠爱，一度占领了大部分的河浜，弄得荇菜几乎没有生存空间，但世道总是变化的，现在不仅已经失宠，而且每天受到追杀。

荇菜长在河滩边是很有存在感的，小鱼小虾特别喜欢栖息在它的下面，既把它当作一种“保护伞”，也把它当作一种食物。荇菜有时也会长在水田中，这时就成了杂草，农夫在耘田时必须要清除掉。现在的河滩边已很少见到荇菜，大多河道已修筑了帮岸，以往的浅滩大多已经消失，河道中的水花生也被“剿灭”，它已很难找到合适的栖身之地了。南北湖是个例外，湖边长了一大片荇菜。见到它时刚好开出了小小的黄花，花虽然小，但数量众多，色彩明亮，一眼望去就像满天的星斗，真是蔚为壮观、格外醒目。其实荇菜是一种比较挑剔的植物，对水质的要求特别高，不像荷花可以出淤泥而不染，荇菜始终洁身自好，不与污泥浊水同流。南北湖是水源保护特别好的地方，周围没有工厂，湖水清澈，是难得的二类水，荇菜喜欢这样的地方，自由地生长，尽情地花开。

南北湖的荇菜开得特别茂盛，但没有“左右采之”的姑娘。与之相似的莼菜是一种名贵的食品，西湖莼菜羹是杭帮菜里的看家菜，勾得极薄的芡汁，漂着十几片卷着的莼菜叶子，吃起来香香的、滑溜溜的。荇菜与莼菜长得极为相似，当然也是可以吃的，没有莼菜，可以用荇菜的嫩叶做一碗荇菜羹。荇菜嫩茎绿里带白，清炒或者炒鸡蛋，香甜、爽口，这是原生的味道。荇菜还可以入药，能清热利尿、消肿解毒。

一部《诗经》，从“参差荇菜”和“关关雎鸠”的合唱开始，从远古唱到现代，既是男女之间的恋歌，也是大地上的颂歌。荇菜是《诗经》中的第一植物，因为与《诗经》绑在了一起，便具有了文化内涵，被赋予了美好的意境。当看到南北湖的一大片荇菜之时，自然联想起“参差荇菜，左右流之”“参差荇菜，左右采之”“参差荇菜，左右芼之”的诗句，一朵黄色的小花，点亮的是人类的审美情感。

中文学名：萱草
拉丁学名：Hemerocallis fulva (L.) L.
别　称：黄花菜、金针菜、忘忧草
科：百合科　属：萱草属

48 忘忧草

人间草木繁多，但有故事的不多。忘忧草就有一段故事，让人滋生难忘的乡愁。

忘忧草就是萱草，把它称作忘忧草完全是文人的多情。《诗经疏》称："北堂幽暗，可以种萱。"唐朝孟郊《游子诗》写道："萱草生堂阶，游子行天涯。慈亲倚堂门，不见萱草花。"王冕《四月廿五日堂前萱花试开，时老母康健，因喜之》："今朝风日好，堂前萱草花。持杯为母寿，所喜无喧哗。"由此看出，萱草是母亲与游子传递情感的媒介。"北堂"与"堂"都是老母亲所在的家。古时当游子要远行时，先在北堂种萱草,希望减轻母亲的思念,忘却烦忧。《博物志》说:“萱草忘忧。”萱草的花俗称黄花菜，晒干后称金针菜，无数次的食用过黄花菜或金针菜，但没有“忘忧”的感受。或许是食用的人与时间都不对，或许这是文人眼里的一种象征。但对于萱草，总有一种难忘的乡愁。

黄花菜和金针菜是常见的食品，其名称的由来却有一段故事。据传陈胜起义前家境十分贫困，由于营养缺乏，曾患全身浮肿症。一日讨饭来到黄姓母女家，黄婆婆是个软心肠，见陈胜模样可怜，给他蒸了三大碗萱草花让他吃，几天后，陈胜发现全身浮肿全部消退了。大泽乡起义成功后，陈胜没有忘记黄家母女，将她们请进宫里。此时的陈胜已不再是以前的长工，最起码三餐无忧，佳肴珍膳也不是没有可能，他却提不起食欲。这时突然想起了当年萱草花的美味,便请黄婆婆再蒸一碗给他吃。黄婆婆采了萱草花，亲自蒸好送给陈胜。陈胜端起饭碗,只尝一口,竟难以下咽，觉得很奇怪,萱草花的味道怎么不如当年了。黄婆婆说:“实际没什么可奇怪的。这真是饥饿之时萱草香，吃惯酒肉萱草苦啊!”一席话，羞得陈胜跪倒在地连连下拜。从此，陈胜将黄家母女留在宫中,专门种植萱草,并时常吃它。同时，又给萱草另外取了两个名字,一名为“忘忧草”,一名为“黄花菜”。因为黄婆婆的女儿名叫金针，而且萱草叶的外形像针一样，人们又叫它“金针菜”。

第一次吃到的萱草花是金针菜烧肉，味很香，肉不腻，真是好搭配，但从来没有见过一种长得像针一样的植物，总有一份好奇留在记忆里。后来有机会看到萱草这种植物，生长在农户的房前屋后或是路边，一丛一丛的，最初以为农户喜欢种花，心里生出许多感慨，但又看到场前晒了许多花，一问才知道，这就是黄花菜，晒干了也称金针菜。种花、采花、晒花、食用花，这是一种多么浪漫的情调，与“采菊东篱下”有异曲同工之美，虽然往事已经过去几十年，但美好的场景弥久不散。

中文学名：羊蹄
拉丁学名：Rumex japonicus Houtt.
别　　称：土大黄、牛舌头、野菠菜、羊蹄叶、羊皮叶子
科：蓼科　　属：酸模属

49 穿越寒冬的绿意

羊蹄是一种植物，因其根形似羊蹄而得名，也叫牛舌头，因其叶形似牛舌，但我喜欢野菠菜这个名称，它在初长之时，与菠菜十分相似。

羊蹄是多年生草本植物。李时珍说："近水及湿地极多。叶长尺余，似牛舌之形，不似波棱。入夏起薹，开花结子，花叶一色。夏至即枯，秋深即生，凌冬不死。根长近尺，赤黄色，如大黄胡萝卜形。"冬季的降临，大部分植物已经枯死，羊蹄却是一个例外，它偏偏选择这个季节重生。在河滩边或者沟渠旁经常出现几丛青绿色的生命，似乎有点

特立独行，而看到满地枯黄中的几点新绿，还是充满敬意。这是一种坚强的生命力，它不畏严寒，不惧霜雪，不随大流，孤独前行。羊蹄的叶总是特别的大，披针状的长叶长达8—25厘米，宽有3—10厘米，这在草类植物中也属少见。春天的到来，羊蹄更加快速地生长，长高后达40—100厘米，茎直立、中空，表面有明显沟纹，上部出现分枝。到了初夏时节就开花了，花色淡青泛白，5—6月结籽，花序圆锥状，瘦果宽卵形，两端尖。羊蹄根系发达，深入地下，很难从泥土中拔出，除草的人时常只是把头部割去，但过不了多久它就长出更多的新芽。

在植物学分类中，羊蹄为酸模属，羊蹄与酸模很难区分。酸模叶片比羊蹄略小，花色暗红，分布范围更加广泛，春天的农田中众多，在幼苗时期更像菠菜。在山上同样有它的存在，几次去爬山，从山坡到山顶都相遇酸模，在未及腐烂的枯枝中新叶早已舒展，这说明它是极容易生长的植物。

羊蹄的叶确实特别肥大，富含汁水，带点稠滑，这是它冬天不怕冻的秘密。能够越冬的植物，善于把体内的碳水化合物转化为糖分，提升体液的浓度，从而达到防冻的效果。羊蹄天生就有这种基因，适合于冬天生长。羊蹄叶汁水丰富，古人喜欢吸吮其叶子用作旅途解渴，它生长广泛，随地都能找到，确实能够提供不少方便。有一次在野外钓鱼忘记带水，实在口渴，就在河边摘了嫩叶试验，放进嘴里一嚼，滑滑的感觉，淡淡的味道，不难吃，也不美味，在野外缺水之时可以大胆尝试。羊蹄的根是历史悠久的中药，在《神农本草经》中早有记述："羊蹄……主头秃疥搔，除热,女子阴蚀。"也就是说羊蹄以根入药,以外用杀虫为主，这说明它具有一定的毒性。

中文学名：益母草
拉丁学名：Leonurus artemisia (Laur.) S. Y. Hu
别　　称：益母蒿、益母艾、红花艾、坤草、野天麻、玉米草、灯笼草、铁麻干
科：唇形科　属：益母草属

50 益母之草

益母草是知名度很高的一种植物，作为中药主要用于治疗妇科病，对女人特别有益，由此便得到益母草这个被广泛知晓的名称。

益母草的籽作为中药的历史十分悠久，在《神农本草经》中就有记载，称其为“茺蔚子”，列为上品，其经文曰：“茺蔚子，味辛，微温。主明目，益精，除水气。久服轻身。茎，主瘾疹痒，可作浴汤。一名益母，一名益明，一名大札。生池泽。”

益母草是唇形科益母草属草本植物，分布在全国大部

分地区，喜欢生长在山野荒地、田埂、草地等，《神农本草经》中说益母草“生池泽”,但在我生活的周围还是很少见到。第一次见到是在一农户的围墙外，沟渠边竟然生长着一小片益母草，紧贴着茎秆开着管状的小红花，花形与芝麻的花很像，但芝麻开的是白花，否则真会认错。我一眼认出它就是益母草，周围没有别的杂草，可以断定是农户专门种植的，也说明他对益母草的功效十分了解。再一次见到益母草是在某处房屋拆迁后的一片废墟中，几株益母草孤独地站在乱石堆旁，从地貌特征看，是在原有房屋的场前，估计也是有人专门种植的，只是现在已经房拆人迁，没有人再去关心它了。

自以为对益母草很熟悉，其实根本就缺少了解。在农村走访时曾经看到几株不认识的草，时值春天，长出不久，掌状的萃叶圆形，却有很深的裂，粗看以为是锦葵科的植物，仔细一看发现不对，锦葵科植物的叶没有裂，请教当地的人都说不知道，让我心中一直留下疑问。有次偶然认识了一位喜欢种植中药材的农民，在他家的院子里见到了众多的本草，开始他考了我一下，让我说出各种草的名称和功效。对于当地的草，我很了解，也有感情，再加上学过一点中医，这一点自然难不倒我。车前草、折耳、接骨草、紫苏、艾草、枸杞、垂盆草等等，我一一报上名称、说出功效。他一听我对这些草如此熟悉，感觉是遇到了知音，看完前院又带去看后院，把他找到的各种草向我展示。当然有些草我是不认识的。一个喜欢植物的人常常会有一种情怀，喜欢把外地的或者特别的植物带回家种植，对这些植物我不是每一种都认识，其中就有初长的益母草，让我再一次相遇。我告诉他这种草不认识，他说这是益母草，怎么会不认识。这真是一件有趣的事情。对初长的益母草我一直不认识，关键是没有看到过它生长的全过程，想要了解和认识一种植物，必须要长期观察，甚至亲手种植，这是基本功。

为了补上这一课，挖了几株益母草的幼苗种在院子里，每天浇点水，看着它慢慢长大。令人意想不到的是，益母草是一种从小到大变化极大的植物：初长时的叶圆形、带有深裂，起茎后长成掌形，长到上面又变成楔形，变化之大令人难以想象，就像一个小姑娘长成大姑娘后，其间经历了十八变，让人难以把两者联系起来。长大后的益母草，植株很高，达 30—120 厘米，形态与艾蒿极为相似，故有益母蒿、益母艾、红花艾的别称。

在现代医学发展之前，家里如有人坐月子，民间常以益母草叶煮汤用之，既可治疗产后出血或产后恶露，又有助于促进子宫收缩，恢复活力。益母草作为传统中药，常用其干燥的茎叶，现代人已把它做成了益母草冲剂，使用十分方便。医生常给产妇吃益母草冲剂，目的就是预防产后血闭和产后恶露；许多女人患有痛经，医生同样让她们吃益母草。益母草就是一种专为女人而生的本草，它具有活血调经、祛瘀通经的功效，既可用于无产之妇，也可用于有产之妇。除了作为妇科良药，还可用于治疗内损瘀血、尿血、泻血和大小便不通等。

中文学名：凹头苋
拉丁学名：Amaranthus lividus L.
别　　称：野苋、光苋菜
科：苋科　　属：苋属

51 野苋菜

苋菜有多种吃法，嫩苗通常是炒着吃，老茎通常是腌制后吃。但许多人更喜欢吃野苋菜。带一个“野”字，不仅有品种的差异，更具有独特的味道，这自然是舌尖上的追求。

野苋菜是一种笼统的说法，大致是指在野外自然生长、非人工栽培的苋属植物的多个品种的总称。这样说似乎还不清楚，因为在我们身边看到的野苋菜形态多种多样，其名称自然也不一样。这种植物在全世界大约有 40 种，中国有 13 种，在我们的身边经常看到的就有凹头苋、刺苋、皱果苋、反枝苋、绿穗苋等等，这些野苋菜都可以食用，在农村有采食的习惯。

凹头苋是野苋菜中体型最小的一种，高仅10—30厘米，最明显的特征是茎伏卧而上升，按农村的说法就是倒在地上站不起来。凹头苋还喜欢从基部长出分枝，往往找到一支看起来就是一片。叶呈淡绿色，有时也带点紫红色，叶片卵形或菱状卵形，在叶柄的根部从下到上都长花，称作腋生花簇，生在茎端和枝端的花成直立穗状花序或圆锥花序。凹头苋虽然小，但全身不长毛，所以讨人喜欢，在春天摘其嫩枝做成菜肴，其味清香，比苋菜味浓，常做的菜有蒜泥野苋菜、野苋菜炒猪肝、野苋菜蛋汤等等。也有人喜欢将之晒成干菜，留作日后食用。

刺苋是野苋菜中高大上的品种，高可达100厘米，最明显的特征是在叶柄旁边长有两根刺。刺苋茎直立，呈圆柱形或钝棱形，多分枝，有纵条纹，绿色或带紫色，无毛或稍有柔毛。叶片菱状卵形或卵状披针形，圆锥花序腋生及顶生。刺苋因为长刺，人们不爱采摘，但它的茎很长，在夏季时割下来做成臭苋菜味道独特。把洗净切断的刺苋茎浸泡在臭卤中，过几天即可食用，由于刺苋的茎肉质结实细腻，做成臭苋菜滑爽可口。如果数量多，也可以制成霉苋菜，但这需要有一点经验，霉制的过程需要仔细观察，只有事前霉制到位，经腌制后才酥肥可口。

反枝苋的个头比凹头苋高出许多，大多在20—80厘米之间，有时可达100多厘米。茎直立，粗壮。最大的特征是叶片的两面及边缘有柔毛，而且下面毛较密。皱果苋的个头与反枝苋差不多，高在40—80厘米之间，重要的区别是全体无毛。绿穗苋的个头比凹头苋要高，比反枝苋要低，高在30—50厘米之间。茎直立，分枝，上部近弯曲。最大的特征是叶面上近无毛，叶下面疏生柔毛。这些野苋菜同样可以当作野菜，或许是由于长毛或者枝头偏少，真正采食的不多。

苋属植物有一个共性是凉性，具有清热解毒功效。凹头苋营养丰富，富含赖氨酸，有助于儿童智力发育。刺苋富含蛋白质和多种维生素，经常食用可以清热解毒、利湿消肿。苋属植物也有与生俱来的缺点，食用过多会引起皮肤过敏。

中文学名：蕺菜

拉丁学名：Houttuynia cordata Thunb.

别　称：鱼腥草、折耳、岑草、菹菜

科：三白草科　　属：蕺菜属

52 折耳听春

第一声春雷响起之时，院子里如期竖起一片小耳朵，这是折耳长出的第一片叶子，它总是准时从蛰伏中醒来，专门倾听春天的故事。草如其名，只有刚长出来的叶子像耳朵，而且只有一只，或许这就是草名的来历。它的学名叫鱼腥草，小草之身，散发出鱼一样的腥味，这在植物中极为少见。

第一次见到这种草是童年割草之时，田边长有一堆与番薯叶相似的草，草茎粗壮，叶片肥厚。这么茂盛的草竟然遗落在田边，让人好生激动，割了两把之后明显感觉上当，浓重的鱼腥味，非常难闻，令人作呕，而且这股味道沾在手上还不易洗去，从此，看到这种草就敬而远之。直到有一天，在菜场里看到有人在卖一种草根，初看以为是白茅根，米白的颜色，胖胖的身材，给人一种爽脆味美的印象，一问才知道名叫折耳根，一闻气味却似曾相识。出于好奇讨得几枚种在自家的院子里，及至长出叶片，才知是童年时抛弃的鱼腥草。鱼腥草的长相还是挺可爱的，初长时只有一只暗红色的小耳朵，慢慢展开第一片叶子，以后每拔一节长一片叶子，茎和叶脉依然保留了暗红的色泽，给人留下遥远的想象。到了四五月份，就开花了，小花洁白如雪，但花蕊粗壮，好似一根棍子，两者似乎极不相称。花期持久，花药从白色转为黄色，再到绿色，直到谢去。

《本草纲目》载："生湿地山谷阴处，亦能蔓生。叶似荞麦而肥，茎紫赤色。山南、江左人好生食之。关中谓之菹菜。"这是使用悠久的中药，多种本草书中有记述，具有清热解毒、消肿疗疮、利尿除湿、清热止痢、健胃消食等作用。一次偶感风寒，咽喉肿痛，想起院子里有鱼腥草，剪得数枝熬汤服用，随着水温的升高，鱼腥味渐渐散去，清香味四溢，原来鱼腥味怕热，熬成的汤不苦不腥，满嘴清香。

立了功的鱼腥草，自以为有了资本，在院子里恣意生长，步步为营，抢占地盘，当初只种了两枚根，现在已长满一大片，谁知道它在地下藏了多少秘密。好在正是吃野菜的季节，在院子里摘一把折耳的嫩头，用开水一泡或者焯一下，蘸着酱油吃，脆嫩爽口，满嘴清香。许多事情就是这样，出乎意料，又妙在其中，折耳的气味虽然难闻，口味却是地道，犹如臭豆腐，闻着虽臭，吃着奇香。更多的人喜欢吃凉拌折耳根，对这种特别的味道情有独钟，并亲切地称之为蕺菜。

中文学名：泽漆
拉丁学名：Euphorbia helioscopia L.
别　称：五朵云、猫眼草、五凤草、五灯草、五点草
科：大戟科　属：大戟属

53 艳遇五朵云

五朵云是一种植物，学名叫泽漆，也有人叫它猫眼草。

据说五朵云在江浙一带分布很广，是一种非常普通的植物，但我在自己生活的村子里从来没有看到过它。第一次遇到五朵云是在南北湖西边的环湖路上，偶然在树下看到一种新奇的草，粉绿的颜色，撑开的花苞有点像莲蓬，感觉这种草有点萌，好讨人喜欢。反复问了当地的居民，结果没有一个人叫得出名称，似乎从来就没有注意到这种草的存在，经过反复查阅资料才知道它的名称和身份。过了一年，我再次来到这个地方寻找，结果在周边再也没有

发现它的踪影。看来人类不注意这种草是好事，一旦注意了就会落得斩草除根的下场。古人对野草有特殊的情怀，白居易作《赋得古原草送别》:“离离原上草，一岁一枯荣。野火烧不尽，春风吹又生。远芳侵古道，晴翠接荒城。又送王孙去，萋萋满别情。”感叹野草的生命力顽强，赞美春天的绿色之美。现代社会，许多人已经得了恐草症，见不得野草的生长。庄稼地里的杂草确实是长错了地方，不管农夫用什么方式根除都事出有因。荒郊、路边的野草是自然生态的一部分，它们为春天涂抹了色彩，为大地披盖了羽衣，为生命增添了活力，但还是常遭不测。人类已经到了滥用除草剂的时代，经常有人喷洒除草剂，生长旺盛的小草，突然之间就枯萎了，路边只留下枯黄的泥土。真不知道人类为什么那么喜欢裸露的泥土，而讨厌生动的绿色，甚至在吞食漫天的沙尘之时还不肯幡然醒悟。

许多年的春天，我一直在寻找五朵云，从田野到林地，从路边到河畔，从沟渠到山间，行走了许多地方，却始终不见它的踪迹。今年的春天很意外，我只想在林中拍摄几株常见植物的照片，却在沟渠边艳遇了一大片五朵云。这片林地人工种植的时间不长，之前虽然经常路过，却并没有深入其间观察的想法。通向林中的是一条由北向南的老路，这是原有的村庄遗留下来的路，现在几乎无人行走，只是路的两边还是被人翻耕过，行人只能走在路的中间。可我偏走路边，就是这一下改变，发现了沟渠边上长了一片五朵云，准确地说是由北向南生长着一片带状的五朵云，而且已经长出花苞,是含苞欲放的时刻。这种植物在开花前,先是从单茎中分出五个伞梗，然后再从每个伞梗上生出三个小伞梗，每个小伞梗又分为两杈，这才在顶部长出花苞。它的花没有花瓣，只在花萼的中央有个金黄色的圆盘，看上去就像两只猫的眼睛，因此它也被称为猫眼草。五个伞梗向外撑开，好像在空中举着五朵云彩，称之为“五朵云”确实形象。

五朵云看上去有点萌萌的，却带有一定毒性，这或许就是它比较少见的原因。带有毒性的植物无法成为牧草或野菜，但常常能成为草药。泽漆具有利水消肿、化痰散结的功效，常用来治疗水肿、肝硬化腹水、细菌性痢疾等病症。泽漆本来就是大戟科植物，功效与大戟类似，但泽漆的茎叶经煮熟之后就没有毒了,作为药用相对比较安全。《金匮要略》中的泽漆汤是治疗水积肺痿的主方，据现代考证，此症类似于肺癌，从中受到启发，有人把泽漆作为治疗肺癌的中草药使用。

中文学名：紫花地丁
拉丁学名：Viola philippica Cav.
别　　称：野堇菜、光瓣堇菜、辽堇菜
科：堇菜科　　属：堇菜属

54 紫花地丁草

紫花地丁草长在路边很不起眼，常常被人忽略，其实这不是坏事，不用担心受到伤害，可以安心地生长。

名紫花地丁，与形有关，开紫花，独脚如丁，非常形象。它是堇菜科植物，喜欢湿润的环境，耐阴也耐寒，总是贴着地面生长，在冬季也不枯萎，到了春天开始萌发新叶，3 月中旬开始，从灰绿色的叶间吐出几丝紫烟，虽不出众，却是幽静。同科的三色堇则不一样，它大名鼎鼎，常常在城市绿化带上狂欢，在庭园中大放异彩；它花枝招展，色泽各异，形似猫脸，十分有趣，只是中看不中用。

对于紫花地丁草，很早就有特殊的情感。江南有众多的河流，两边曾经有许多高地，向阳的坡边常常能找到瘦小的紫花地丁草。如今这些高地消失了，一并消失的还有紫花地丁和茅草。意外的是在南北湖的山上留下了它的身影，在野鸭岭的山道上有不少正宗的紫花地丁草。在南木山上有较多的犁头草，这是它的同门兄弟。犁头草的叶子呈三角形，似犁铧，同样开紫花，这两种草十分接近。在石屋山上还有另外一个品种，叶比紫花地丁更长、更窄，开白色的花，那是白花地丁草。

从童年生活的地方，到山坡路边，无数次与紫花地丁相遇，只是从来不知它的神奇之处。在中药学课上老师说，紫花地丁是治疗疔疮痈疽的良药，从此对这草刮目相看。在童年时，每到夏天，蚊叮虫咬过的地方长出疔疮，皮肤溃疡，就是找不到灵丹妙药，想不到灵药就在身边。据《本草纲目》记载，紫花地丁"主治一切痈疽发背，疔肿瘰疬，无名肿毒恶疮"，用西医的术语来说就是具有杀菌消炎和去腐的作用。虽然只是一株不起眼的小草，紫花地丁却隐藏着神奇的作用。

紫花地丁味苦，但无毒，其幼苗或嫩茎可以食用，用沸水焯一下，炒食、做汤充满野趣。经常看到有人在庭园中种植紫花地丁或犁头草，既可以作为庭园植物观赏，也可以作为保健食品使用，采集幼苗或嫩茎，在沸水中焯过，可以炒食、做汤或煮粥，是上好的食疗本草。我专门从山上挖了一把，种在园子里，第一年只活了两棵，几年过去了，也没增加多少，还是羞羞地躲在角落里，不像鱼腥草那样，没过多久就长成一大片。也许它是不想占领更多的空间，只想能够成为令人珍惜的一员。

中文学名：紫云英
拉丁学名：*Astragalus sinicus* L.
别　称：翘摇、红花草、草子
科：豆科　属：黄耆属

55 紫云英的乡愁

江南人习惯把紫云英称作花草，名称听上去很土，却非常直白。江南有过大面积种植花草的历史，在改革开放之前，农田中普遍种植花草做绿肥，花草田成片，花草遍野，在春雨的润泽下，含苞待放。等到清明时节，花草不负众望竞相花开，紫红色的小花铺满田野，把春天装扮成花海，用惊艳包围着村庄。

一

《诗经》曰：“防有鹊巢，邛有旨苕。”古人所说的“苕”就是现代的紫云英，这是现代植物学名称，也就是官方的名称。这个名称怎么来的，已经很难查考，如果从字面理解,可能是民间自然形成的。紫云英开出来的花是紫红色的，以往都是大面积播种，花开时云霞一片，非常壮观，给人的感觉就是一种大美的气势，众多的小花组成的花田更显得英姿勃发，取名为紫云英，既有乡土的味道，更有清雅的气息。

在很长一个时期，江南的春天是属于紫云英的。在缺少化肥的年代，江南农村大面积种植紫云英当作肥料，规模甚至超过大麦和油菜等春花作物。在上一年的秋天，直接将种子播撒在水稻田里，到了晚稻收割时，田里已经长出幼稚的小苗，晚稻收割后，幼苗充分享受着阳光和雨露，开始快速生长。在冬季，江南种植最多的作物是大麦、油菜和花草，有了这些物种，冬季的田野依然一片青绿，充满生机。当春风吹来的时候，唤醒了沉睡的大地，也催动了紫云英迎接春天的脚步，从稀疏的幼苗到铺满田野的翠绿，紫云英正在为花季的到来做好冲刺的准备。人们已经看到柳树披上了新绿，桃树也穿上了红装，但紫云英还没有出场的意思，或许，它不想争一个早字，它要在做好充分准备之后给春天一个惊喜。其实春天并不在乎报春的迟早，她在乎的是迎接她的节奏，需要的是春花次第的秩序。紫云英是不急于凑热闹的，它知道只要自己一出场注定热闹非凡。春天总是用阳光和雨露来提醒大地上的植物，周边的麦子正在长着身子，油菜开出了黄艳的花色，当人们正沉浸在鲜艳的油菜花中时，忽如一夜春风来，紫云英花开满田。紫云英就是喜欢带给人们惊喜，一夜之间把绿色的田野变成淡紫红的花海。它开的花虽然不大，但常以数量取胜，用规模造势。只有当紫云英花铺满田野之时，人们才感到春天是如此繁华，心情是如此奔放，此时的农民知道，春耕又要开始了，成群的蜜蜂正在花田中来回飞舞，不停采蜜。

二

紫云英花总是用铺张的形式装扮春天。繁星一般的小花朵洒满田野，由近及远的花色，犹如满天的云霞，这是繁华的春天，也是童年撒野的天堂。上学路上，在花田中穿行，陪伴着一路的风景，呼吸着弥漫的花香；放学路上，在花田中游荡，抚摸着浮动的紫花，追逐着飞舞的蜜蜂。花开是紫云英一生中最美的时光，大片的紫云英花吸引着成群的蜜蜂拈花惹草，同样也吸引着童年的我深淹花海。成片的紫云英，放眼望去花团簇拥，但又无法拥抱，只能用奔跑来感受春天的烂漫，跑累了就躺在花草田里看蓝天白云，看够了就采摘红紫的小花，做成花环戴在头上，做成花球拿在手中，这是一种沉浸在花海中的梦幻，也是深深铭记的乡愁。

时过境迁，繁华散尽。改革开放以后，农民在田里只种春粮，不种花草，化肥增产后，农村也不需要播种绿肥了。现在大多农田连春粮也不种了，只种一季水稻，再也没有人大面积种花草了。这个时代，已经无缘紫云英的热情浪漫和花海的夸张铺陈，曾经的花海，早已成为永久的记忆和难忘的乡愁。

三

已经到了春天，但还在春天里等待春天。好像缺少点什么，或者在寻找什么，直到某一天，在青莲寺村采风时，发现了一方紫云英，突然产生了奇怪的感觉，似乎这就是我在春天里的期盼。在童年时代，早已养成了与紫云英相伴的习惯，放纵了在花田中无拘无束地流放的野性，虽然人早已离开了这样的环境，但童心一直停留在曾经的时空之中。我当然知道，这一小块紫云英是人工播种的，种植紫云英的农民或许与我一样，喜欢这种植物，喜欢把它当作春天里的美食。正在我感叹之时，一位农妇走了过来，大概是觉得我这个人有点奇怪，一直看着路边的花草，而我同样觉得奇怪，难得有人种了花草。我问她这些花草是不是她家的，我想摘一把回去炒着吃。她说你想要自己摘好了，花草是邻居家的，她会与他们说的。这让我回到了在农村成长的年代。那时农田大多播种了花草，放学后我经常在花草田中割草。田里除了紫云英,还长着很多的杂草，有碎米荠、稻槎菜、看麦娘等等，这些草不怕寒冷，在上一年冬天就已经生长旺盛，过了春节就陆续开花了。田里的花草当然也长势很好，但割草的人不会偷割花草，只有在想炒食花草时，才会专门拿只篮子摘取。我摘好了花草，农妇又告诉我，边上的菜地都是她们家的，地上有多个品种的蔬菜，我喜欢什么菜自己尽管摘。虽然蔬菜不值多少钱，但农村的这种淳朴乡情却让我的内心倍感温暖。摘得多种新鲜蔬菜，晚餐享用了自备的素宴，清炒紫云英的味道，清香甘甜，这真是久违了的味道。

四

紫云英是具有浓烈乡愁的植物，以往主要用作绿肥，有时也作牧草，但牛吃多了容易胀气。紫云英花开满田野之时，也是春耕开始之时，这时的农民会牵着牛开始犁田。广阔的田野中犁田的人跟着牛来回行走，这是活生生的牛耕图，通过犁田把紫云英压在泥土下面，等腐烂了就成为有机肥料。农耕时代的江南农村，生产队都养殖多头耕牛，这是极其重要的生产工具。春耕时节，耕牛面对着大片紫云英，根本无法抵抗眼前的诱惑。犁田的人总是严加看管，耕牛眼看着紫云英擦肩而过，总是心猿意马，有时牛鼻绳松了一下，就赶紧转过头咬上一口，那种味道肯定甘甜可口。吃了一口注定还想吃第二口，犁田的人总是及时把牛头拉回来，除了命令牛专心犁田，就是不给它吃紫云英。在耕田的时节，牛吃的草料还是很好的，不过就是没有紫云英，作为耕牛，无论如何是想不通的，而且很不甘心，常常趁人不注意时溜到花草田中偷食。紫云英虽然好吃，但很容易产生胀气。牛是反刍动物，吃下去的紫云英放在胃里不是马上消化，而是在空闲时返回嘴里再次咀嚼，这就为发酵胀气创造了条件。牛不知道自己的弱点，吃了紫云英会让肚子越胀越大，出现这种状况，就只能请兽医了。

当所有的花草田翻耕过后，一场视觉盛宴就此落下帷幕，接着上演的是田园交响曲。犁过的农田中灌满了水，大批的青蛙在水田中一边戏水一边寻找虫子，这是青蛙繁殖的季节，为了寻找自己的恋爱对象，蛙鸣声此起彼落，回荡田野，俨然是田园里的蛙鸣交响曲。

今天已经看不到大面积种植的紫云英了，不用绿肥，没有花草田，也没有花海。绿色有机食物只不过是嘴上说说的噱头，从事农业生产的人们所想的是如何减轻劳动和提高产量，化肥、农药是最好的捷径，绿肥难有用武之地。偶尔一见的紫云英，只是乡间的美食，在春天里尝个新鲜，就当是美好的回忆，或许这正是曾经的乡愁。

后记

“离离原上草，一岁一枯荣。野火烧不尽，春风吹又生。”白居易用诗句礼赞小草顽强的生命力，小草以野蛮生长的方式演绎出“远芳侵古道，晴翠接荒城”。

草是地球上最多的物种，它以顽强的生命力和野蛮的生长力几乎遍及大地的每个角落。太多的种类和数量让人难以分辨，只好以杂草统而称之；小草也经常长错地方而妨碍人类的计划，被冠以杂草之名。但它为地球披上绿影，为视觉增添色彩，为生命提供动力，是不求功利的美容师和生命的动力源。

在农村生活长大，与草相依相伴。童年时开始学习割草，长大了参加除草劳动，在生活与劳动中接触草，了解草的习性。放眼望去，大地上的小草此长彼伏，它们以自己的节奏轮流登场，以自己的喜好据守一方。冬天的大地总是缺少生机，但仍然有许多越冬型的草不畏霜雪。羊蹄或者酸模在入冬前就已重生，孤独地站在河边或者路旁，有种玉树临风的风范。荠菜总是抢在春节前重回大地，为冰冷的冬季带来生机。这样的草其实还有很多，早熟禾、卷耳、一年蓬，它们都是不畏严寒的勇者，这是生命的张力。春天注定是小草们的舞台，杜甫说：“好雨知时节，当春乃发生。随风潜入夜，润物细无声。”说的正是春雨滋润万物生长的意境。给一点阳光就灿烂，给一点雨露就成长，这便是小草的性格。它们中的大多数更愿意做春天的信使，只要感受到春天的气息，就相继从地下探出脑袋，舒展身姿。开花更是小草们竞相展示魅力的特长，所开的花不一定大，但成群结队，色彩斑斓，把江南带进繁华的春天。

在学习中药学时有辨识中草药的实践课，无意间形成了观草识草的习惯。一个人或三五草友，走进郊野，踏上山坡，相见一枝草，寻找本草的乡愁，见证大自然的生命力，拥抱春暖花开的乡野，由此，开始了与草木对话，不知不觉，已经写下了几十种身边的小草，选取其中的 55 种辑为本书。

在此要感谢范培华女士，经常从野外挖来小草，精心地种在院子里，让我方便观察。也要感谢陈双虎先生，与他郊外论草，激发了我写草木的最初想法。还要感谢周伟达先生，在他的建议下，实施了写作“人间草木”专栏的计划。这些小草在江南大地很普通，也很常见，这是取名《相见一枝草》的理由。写它们，是一种乡愁的寄托，也是深深的家乡情怀。

2018 年 6 月 24 日于海盐

图书在版编目（CIP）数据

相见一枝草 / 宋乐明著. -- 杭州 ：西泠印社出版社，2019.4
ISBN 978-7-5508-2700-4

Ⅰ. ①相… Ⅱ. ①宋… Ⅲ. ①草本植物－普及读物 Ⅳ. ①Q949.4-49

中国版本图书馆CIP数据核字（2019）第077281号

相见一枝草

宋乐明 著

出品人 江 吟
责任编辑 张月好
责任出版 李 兵
责任校对 刘玉立
装帧设计 王 欣
出版发行 西泠印社出版社
（杭州市西湖文化广场32号5楼 邮政编码 310014）
经 销 全国新华书店
制 版 杭州如一图文制作有限公司
印 刷 浙江海虹彩色印务有限公司
开 本 889mm×1194mm 1/32
印 张 6.25
印 数 0001—2000
书 号 ISBN 978-7-5508-2700-4
版 次 2019年4月第1版 第1次印刷
定 价 68.00元

西泠印社出版社发行部联系方式：（0571）87243079